초등 1학년
기적의
첫 독서법

스스로 읽고 제대로 이해하는 아이로 키우는
66일 엄마표 독서

초등 1학년
기적의
첫 독서법

오현선 지음

체인지업
CHANGEUP

"인류는 책을 읽도록 태어나지 않았다.
독서는 뇌가 새로운 것을 배워
스스로를 재편성하는 과정에서
탄생한 인류의 기적적 발명이다."

-매리언 울프

PART 2.
책 좋아하는 아이로 만드는 법

3장. 놀이처럼 일상에서 책과 만나기

4장. 기초가 없으면 독서가 괴롭고 힘들다

5장. 아이를 평생 읽는 사람으로 만드는 독서 경험 5

PART 3.
우리 아이 독서 습관 잡아주는 365일 책 놀이

6장. 엄마랑 아이랑 딱 66일만 책 함께 읽기

에필로그

부록

왜 초등 1학년부터
독서법을 배워야 할까?

2015년부터 1~2학년 교육과정에 글자 교육 시수가 대폭 늘고 읽기 교육이 강화됐습니다. 한글 교육을 공교육에서 책임지겠다는 의지가 보이는 교육 개편이었는데요. 여러 연구에서 독서의 시작인 한글 교육의 중요성이 강조되어 새삼 이런 변화가 있었던 것입니다.

보통 8세 전후에 한글 교육을 시작하는데, 이때 문제가 생기면 그 후 읽기 발달이 제대로 이뤄지기 어렵습니다. 해외의 한 학자는 글을 읽고 이해하는 능력이 싹트는 8세 때 읽기에 어려움을 겪으면, 최소 4학년까지 읽는 데 어려움을 겪을 가능성이 매우 높다고 했습니다. 또한 3~4학년 이전에 읽기에 어려움을 겪으면, 평생 읽기 문제를 겪을 가능성이 높다는 연구 결과도 있습니다. 공식적으로 한글 교육이 시작되는 1학년이 읽기 교육의 골든타임인 이유입니다.

저는 독서교육 현장에서 23년째 아이들을 만나며 읽기가 처음 시작되는 초등학교 1학년이 얼마나 중요한 시기인지를 매일 느끼고 있습니다. 독서를 좋아하지 않는 고학년 아이들을 만나면 독서를 못하는 것인지 안 하려는 것인지 먼저 파악하는데요. 판단 기준은 대강 이렇습니다. 자기 학년 책을 읽고 이해할 줄 아는데 읽지 않는다, 그럼 안 읽는 것이고요. 자기 학년 책을 읽고 이해하지 못하면 못 읽는 것입니다.

안 읽는 아이는 책을 읽지 않게 된 이유를 파악해 흥미를 붙이도록 도와주는 데 집중하면 됩니다. 못 읽는 아이의 경우는 우선 읽기 수준을 파악해 자기 학년 책을 아직 읽지 못하는 거라면, 읽을 수 있는 수준의 책을 권하고 함께 읽어나가면 됩니다. 그런데 읽느냐 읽지 못하느냐의 문제가 아니라 읽기 오류가 많은 경우는 좀 다릅니다.

읽기 오류가 있는 아이는 글을 읽을 때 글자 그대로 읽지 않고 바꿔 읽거나 글자를 빠뜨리고 읽는 등의 오류를 보이는데요. 이런 경우 읽기 수준을 파악하기에 앞서 읽는 법 자체를 처음부터 다시 배워야 하기도 합니다. 언제부터 읽기 오류가 시작됐는지를 살펴보면 글자를 처음 배울 때부터인 경우가 많습니다. 그래서 처음 한글을 배우는 초등학교 1학년을 읽기 골든타임이라고 강조할 수밖에 없는 거죠. 이런 맥락이 교육과정 변화와 맞닿은 것이고요.

그럼 한글만 배우고 나면 읽기는 저절로 되고 독서 또한 자연스럽게 될까요? 언뜻 생각하기에는 독서 역시 글자를 배운 후에 시작하면 될 것 같지만 그렇지 않습니다. 이건 오해입니다. 독서는 강요하면 안 되지만 훈련이기도 한 읽기는 제대로 할 때까지 지속적으로 도와줘야 합니다. 더 나아가 잘할 수 있도록 적절한 지도가 필요합니다. 읽기의 상당 부분은 자발적 독서로 발전하지만 자발적 독서를 위해서는 사실 엄청난 노력이 필요하니까요.

우리가 초등교육을 이야기하며 빼놓지 않는 것 중 하나가 독서인데요. 그 중요성을 인식한 것에 비해서는 적극적으로 도와주려는 노력이 부족하다는 느낌을 종종 받습니다. 독서교육이라고 하면 거창하게 들리지만, 글자 교육 이전에 부모의 작은 노력만으로도 아이가 책에 흥미를 붙일 수 있습니다.

예를 들어 아이들은 부모가 읽어주는 책을 듣는 경험을 통해 글자를 몰라도 이야기를 이해하고 재미있다는 경험을 할 수 있습니다. 팝업 북, 사운드 북, 그림책, 촉감 책, 소리 나는 전자책 등 글자 없는 책으로 책이라는 매체를 경험할 수 있습니다. 그렇게 책과 친해지고 나면 나중에 활자 중심으로 이루어진 종이책을 스스로 읽기도 하는 것입니다.

읽기는 삶 전반에 지대한 영향을 미칩니다. 읽기가 잘 되면 이를 기반으로 하는 독서 또한 잘할 수 있고, 읽기로 키워진 고차원적인 생각과 비판 능력은 수많은 정보 속에서도 길을 잃지 않고 자기 삶의 주관을 갖고 살아가도록 도와줍니다. 그만큼 공식적으로 한글을 배우는 초등학교 1학년 기점으로 읽기를 어떻게 도와주느냐는 굉장히 중요합니다. 하여 1학년이 골든타임이라고 말씀드렸으나 6~7세부터 글자를 배우기 시작했다면 바로 그 시기가 골든타임입니다. 2~3학년인데 아직 글자를 유창하게 읽지 못한다면 그때부터가 골든타임입니다.

이 책은 학년에 상관없이 읽기가 잘 안 되는 아이들에게 도움이 되도록 썼습니다. 집에서 엄마와 함께 책 놀이를 통해 책에 흥미를 붙여 궁극적으로는 책을 스스로 찾아서 읽고 이해하는 아이로 만드는 데 목표를 두었습니다. 읽고 이해하는 능력이 발달되기 시작하는 초등학교 1학년부터 읽기 교육에 힘써 주세요. 잘 읽는 능력이 생존력이니까요.

PART 1.

초등 1학년,
독서 골든타임에
할 일

1장.

그런데 정말
책을 읽어야 할까?

책과 공부의 상관관계

　아마도 이 책을 보시는 분들은 책은 당연히 읽어야 하는 것이라고 생각해 이 책을 구매해서 읽고 계실 거예요. 그래서 위 질문이 다소 의아하게 느껴지시지 않을까 생각합니다. 그런데 의외로, 어쩌면 당연히 초등 독서교육 현장에서 위 질문을 어렵지 않게 만날 수 있습니다. 저희 독서교실에 상담을 받으러 오신 분들조차 정말 책을 읽어야 하는지 물어보시는 경우도 종종 있습니다.

　많은 분들과 상담해본 결과 정말 궁금하신 것은 '입시에 있어서 정말 독서가 중요하며 필수인지'였습니다. 독서 자체의 효용보다는 우리나라 입시 체제에서 독서가 필요한지를 묻는 말이었죠. 입시까지는 아니더라도 독서와 공부의 상관관계에 대한 질문이었습니다. 책을 잘 읽으면 공부까지 잘한다는 말을 여기저기서 듣는데, 독서는 안 하는데 공부를 잘하는 옆집 아이, 독서량은 많은데 공부는 못하는 뒷집 아이를 보면 의심은 커질 수밖에 없죠.

다양한 교육 정보 또한 부모들을 혼란스럽게 하는 데 한몫하고 있습니다. 요즘은 수많은 전문가가 다양한 채널에서 자기 의견을 피력하고, 부모들은 이를 빠르게 소비합니다. 저마다 주장이 달라 혼란스러울 수밖에 없고요. '초등은 독서가 무조건 기본이다, 다독 말고 정독을 시켜라, 문학만 읽어도 된다, 비문학을 읽어야 한다, 초등 독서 다 의미 없고 독해문제집만 풀게 해라' 등 교육 정보를 잘 찾아보지 않는 저조차도 이런 상반된 의견을 어렵지 않게 접하곤 합니다.

우선 독서로 얻을 수 있는 것을 이야기해 볼까요? 독서는 기본적으로 생각의 도구입니다. 분야를 막론하고 작가의 생각이나 지식, 주장을 담고 있는 것이 책입니다. 한 사람이 책 한 권 분량으로 펼쳐낸 생각을 따라가려면 우선 자기 생각보다는 작가의 생각의 흐름을 따라가야 합니다. 다른 사람이 생각하는 방식으로 생각하는 것, 이 과정 자체가 상당한 지적 노동이기에 읽는 사람의 사고력도 성장하는 것이죠.

독서를 하면 독해력과 이해력, 어휘력도 얻을 수 있습니다. 세 가지는 엄밀히 말하면 다른 영역이지만 같이 언급한 이유는 맞물려 발전하기 때문입니다. 책을 읽는다는 건 끊임없는 사고의 작용이라고 말씀드렸지요. 이 세 가지는 바로 그 사고력의 하위 영역이라서, 읽고 이해하는 과정을 반복하다 보면 말 그대로 이해력이 커집니다. 어떤 글을 만나도 글의 목적이나 하고자 하는 말을 금세 이해하는 힘이 생긴다는 것이죠. 저는 이것을 텍스트 장악력이라고 부릅니다. 글을 크게 보는 힘이 생기면 글의 내용이 다소 낯설더라도 읽고 이해하기 위한 전략도 잘 마련하게 됩니다. 이 과정에서 어휘력은 저절로 따라오고요.

독서로 얻는 이런 능력들은 당연히 공부에 도움이 됩니다. 단편적으로는 교과서와 문제집을 읽고 이해하는 데 도움이 되고, 더 넓은 시야에서 보자면 교과 이해에 도움이 됩니다. 책을 통해 얻은 사고력, 즉 어떤 대상을 바라보고 통찰하는 능력은 국어, 수학, 과학 과목을 이해하는 데도 당연히 도움될 거예요.

그런데 이렇게 독서의 효용이 공부에 미치려면 그냥 슬렁슬렁하는 독서로는 가능하지 않습니다. 자발적이고 주도적인 독서를 기반으로 생각이 깊고 넓게 뻗어나갈 때, 파고드는 독서를 할 때 가능합니다. 독서량 또한 어느 정도 확보돼야 합니다. 책을 많이 읽기보다는 한 권을 읽더라도 제대로 읽어야 한다는 주장도 있지만, 그건 성인 독자에게 해당되는 이야기입니다. 아이들은 어른보다 살아온 경험이나 통찰이 부족하기 때문에 한 권을 제대로 읽으려면 또 다른 책이 필요합니다. 읽기 연습을 해야 하는 이유입니다.

사실 많은 책을 읽고, 공부까지 잘하려면 공부하는 방법도 터득해야 합니다. 각 과목 주요 내용을 잘 익혀야 하고, 시험 유형을 파악하고, 시간 내에 문제 푸는 기술도 익혀야 해요. 포기하지 않는

끈기도 필요하고요. 결국 독서로 다져진 힘이 있다고 해도 공부에 뜻이 없고 들이는 시간이 없다면 당연히 잘할 수 없습니다. 이렇게 말씀드리면 그래서 독서를 하라는 건지 말라는 건지 헷갈리실 것도 같아요.

제가 독서로 얻을 수 있는 것에서 이야기하지 않은 것이 한 가지 있습니다. 바로 비판력, 판단력이에요. 이게 사실은 독서의 가장 큰 가치이고 효용입니다. 이 혼란한 세상을 살아가며 꼭 필요한 것이 비판력과 판단력이지요. 앞서 이야기한 사고력, 독해력, 이해력, 어휘력은 뒤따라오는 것이고요. 공부 잘하는 아이로 키우기 위해서 뒤따라오는 능력에만 집중하다 보면 사실 더 큰 걸 놓칠 수 있다는 이야기를 드리려는 것입니다.

본질을 놓치면 독서하는 아이를 보는 시선이 왜곡될 수 있어요. 입시에 별 도움 안 된다는 주장을 들으면, 책을 보며 자기 세계를 탄탄히 구축해 가는 아이를 보며 괜히 시간 낭비만 시키는 것 같아 조급할 수 있습니다. 공부에만 초점을 맞추면 권하는 책의 폭이 좁아지고 아이가 읽는 속도나 읽는 양이 마음에 차지 않아 오히려 책과 멀어지게 만들 수도 있어요.

우리나라처럼 공부와 입시가 삶에 주는 영향이 큰 나라에서는 독서와 공부의 관계를 완전히 무시할 수는 없겠죠. 그러나 더 크게 얻을 수 있는 것을 바라보며 본질을 놓치지 않는다면, 책 들고 있는 아이가 참으로 예쁘고 사랑스러워 보일 거예요. 얻고자 하는 것을 얻을 가능성도 높아지고요. 혹시 책을 많이 읽는데 그만큼 공부를 잘하지 못한다 해도 너무 좌절하지 말고 아이를 묵묵히 응원하고 지지해 주시면 어떨까요? 살아가는 힘을 키우는 중이니까요.

엄마표 독서가 필요한 이유

독서수업을 받기 위해 삼삼오오 모여 오시는 경우가 있습니다. 그중 한두 분은 맘에 없는데 같이 오자고 해서 따라오신 분입니다. 앞장서 오시는 분은 보통 독서논술 학원은 당연히 다녀야 한다고 생각하시고, 따라오시는 분은 긴가민가하면서 오시는 경우가 많습니다. 가끔 같이 오려고 했던 분을 도무지 설득하지 못해 혼자 오시는 분도 있습니다.

주변에서 너도 나도 독서논술 수업을 받는다는데, 그게 정말 필요한지 물어보시는 분들이 많아요. 아이는 이미 수학, 영어 학원만으로도 피곤해하고, 사교육비 부담도 큰데, 저절로 되는(된다고 오해하는) 독서논술을 학원까지 보내서 가르쳐야 하는지 궁금해 하시는 것이죠. 보내야겠다는 생각은 있으나 언제부터 보내는 게 좋을지 망설이는 분들도 있습니다.

반대로 독서논술 학원을 보내며 선생님만 믿겠다는 분들도 있습니다. 집에서 해보려고 하니 도저히 안 돼서 학원에라도 보내면 책을 읽지 않을까 기대하시는 거죠. 저학년은 그래도 책 읽는 영역을 더 확장하고 또래와의 토론 및 글쓰기를 위해 찾으신다면, 고학년의 경우에는 이미 몇 년 정도 독서와 단절돼 학원이 마지막 희망이라는 마음으로 찾아오시기도 해요.

그렇다면 독서학원이 뭐하는 곳인지 설명을 해드려야 거기 보내야 책을 읽을 수 있는지에 대한 답이 될 것 같은데요. 요즘은 워낙 학원 형태가 다양하다 보니 단정 지어 말하긴 어렵습니다. 다루는 영역 또한 독서, 글쓰기, 논술, 속독, 읽기 트레이닝 등 여러 가지인데, 모두 공통적으로 다루는 것은 책이니 편의상 독서학원이라고 부르겠습니다.

독서학원에서 다루는 가장 큰 영역은 이름에서 알 수 있듯 독서입니다. 함께 책을 읽고 그 책을 매개로 토론도 하고 글도 쓰는데요. 토론과 글쓰기는 어느 정도 독서 기반이 있어야 가능한 활동이라 독서 경험이 매우 적다면 발전이 더딥니다. 사실상 독서학원에 보내더라도 결국 집에서 어느 정도 독서가 이뤄져야 더 많은 효과를 누릴 수가 있다는 것이죠.

또한 독서학원에서는 대체로 책을 선택할 때 학생에게 자율권을 주기보다 일정 목표에 따라 선정한 책을 읽도록 하는 경우가 많습니다. 자기 독서가 없는 채로 정해진 책을 읽다 보면 사실 독서력이 성장하는 데 한계가 있습니다. 무엇을 읽느냐보다는 자신이 좋아하는 책에 몰입하며 읽는 과정에서 독서력이 한껏 성장하는 것이거든요. 그 힘으로 지정된 책도 읽고 이해하는 것인데, 독서가 전무한 채로 학원에 보내면 계속 기술만 익히게 됩니다.

독서력이 어느 정도 성장하려면 본래 자신이 좋아하는 책은 계속 유지하되, 일정 비율로 더 다양한 책을 만날 필요가 있습니다. 아이들은 학업 과정에 있기 때문에 학습 독서도 어느 정도 필요한데, 학습 독서를 병행하는 시기는 이론상 초등학교 3학년이 적당합니다. 학습용 책과 좋아하는 책의 비율을 보통 저는 8:2에서 7:3 정도로 추천하고 있어요.

독서는 본래 자기 취향대로 하는 것이 지극히 당연하기 때문에 아이가 하는 독서를 인정해 주시되 아이 성향이나 상황에 맞게 2~30% 정도는 다른 책을 권해서 독서 영역의 확장을 도와주시면 좋고, 그 2~30% 영역을 독서학원에서 보충한다고 보시면 됩니다.

몇 해 전부터는 학생 개개인의 독서력에 맞는 책을 제공하는 시스템의 학원도 생겼습니다. 그러나 이 또한 일정 부분은 기계적일 수밖에 없습니다. 보통은 레벨 테스트를 통해 레벨을 정하고, 그 레벨에 맞는 책을 읽고 지속적으로 평가하는 방식을 통해 독서력을 끌어올리는 형태인데요. 레벨에 맞는 책을 읽는 것보다 읽는 동기가 훨씬 중요합니다. 그 책을 아이가 읽을 마음이 있는가에 대한 것 말이죠. 읽고 싶지 않은 책은 아무리 읽혀도 아이의 마음을 움직일 수 없기에 어느 정도 한계가 있습니다.

결국 독서학원은 아이의 독서를 100% 책임져 줄 수 없습니다. 사실 많은 부모가 어느 정도 이를 인지하고 있어요. 그래도 고학년 인데 독서가 몇 년 단절된 상황이라면, 정말 최소한의 독서라도 하 길 바라는 마음, 숙제여도 할 수 없으니 그것만이라도 읽기를 바라 는 마음으로 보내시는 경우가 많습니다. 최선이어서가 아니라 어 쩔 수 없는 마음이겠죠.

여기까지 읽으시고 독서학원에 부정적인 마음만 드실까봐 보 충 설명하자면, 학원은 집에서 부족한 2~30%를 담당하는 역할을 충실히 한다고 생각해 주시면 어떨까요. 독서학원 운영자 개인의 노력과 특성에 따라 아이들의 독서를 위해 최선을 다하고 단점을 보완하기 위해서 다양한 교육 방식을 시도하고, 융통성 있게 운영 하는 곳도 많습니다.

학원은 시스템이 있어야 운영되기 때문에 저는 시스템상의 단 점을 말씀드린 것이며, 이것은 비단 독서학원뿐 아니라 다른 학원 들에 해당되는 이야기이기도 합니다. 무엇보다 대부분의 독서학원 에서 가르치는 토론과 글쓰기 영역은 집에서 모두 해결하기엔 어 려운 영역이기도 하기에 도움이 필요할 때도 있습니다. 학원이 늘 그렇듯 활용하기 나름인 것이죠.

결론적으로, 독서학원 등록 여부보다 중요한 것은 집에서도 편 안하게 읽는 습관을 만들어 주셔야 한다는 거예요. 저도 독서 교실을 운영하지만, 아이들이 되도록 오지 않거나 최대한 늦게 왔으면 하는 마음을 늘 갖고 있습니다. 이왕이면 집에서 즐겁게 읽고 성장하는 아이가 되길 바라면서요. 아직 1학년은 충분히 그럴 기회가 많은 나이입니다. 앞으로 전개될 이 책 내용을 참고하셔서 함께 읽어나갈 수 있기를 응원해 봅니다.

✦

독해문제집은 정답이 아니다

언젠가 인터넷 서핑을 하다 우연히 마음 아픈 댓글을 보았습니다. 아이가 책을 제대로 읽고 있는지를 어떻게 확인하는지 궁금하다는 어느 커뮤니티의 질문 글에 달린 댓글 때문인데요. 다음과 같은 내용이었습니다.

'책은 제대로 읽는지 아닌지 도무지 파악이 되지 않고 점수도 나오지 않아서 저는 책 읽지 말라고 하고 독해문제집을 풀게 합니다. 점수가 떡하니 나오니 판단도 쉽고 아주 좋습니다.'

많은 분들이 초등 독해문제집의 필요성에 대해 궁금해 하시는데 이에 대한 논의는 참 오래 됐습니다. 흔히 독해문제집은 아무리 노력해도 아이가 책을 읽지 않아서, 또는 읽지 않는 분야의 독해력이 걱정돼서 선택하는 경우가 많습니다. 독서를 하지 않으니 최소한의 읽기를 위해서, 또는 독서를 하긴 하는데 이상하게 국어 점수가 나오지 않아 선택한다는 것이죠.

　이야기책은 좋아하는데 과학책은 좋아하지 않으면 과학 글만 모아둔 독해문제집을 통해 배경지식 습득과 독해력 증진을 바라기도 합니다. 그런데 제가 본 커뮤니티 댓글은 아이가 책을 읽지 않아서가 아니라 읽고 있음에도 점수로 보이지 않아 문제집을 선택했단 이야기라 다소 놀라기도 했고, 한편으로 가슴이 아프기도 했습니다.

　결론을 미리 말씀드린다면 독해문제집은 당연히 독서와 같은 효과를 낼 수 없습니다. 둘은 태생 자체가 다르기 때문입니다. 책 한 권은 저자의 사고 그 자체입니다. 문학, 비문학 모두 마찬가지죠. 비문학은 사실과 정보를 중심으로 이야기를 펼쳐가며 책 곳곳에 생각을 담은 글이라면, 문학은 허구의 이야기를 통해 작가의 세계관을 에둘러 표현한 글입니다.

　저학년 아이가 이야기책 한 권을 재밌게 뚝딱 읽어냈을 때는 스토리만 읽고 만 것이 아니라 그 안에 담긴 작가의 생각도 같이 읽어낸 것이죠. 아이가 읽은 내용을 한마디로 표현하지 못했다고 해서 남아 있지 않은 것은 아닙니다. 꽤 오랜 시간 자기 안에 보일 듯 말 듯 뭉뚱그려진 덩어리로 있다가 읽기를 반복하며 조금씩 선명해지는 것이죠. 그래서 앉아서 읽고 있는 그 시간의 힘이 무척 중요하고 어느 정도 누적돼야 하는 것입니다.

　독해문제집에 실린 글의 특성도 알아볼까요. 독해문제집은 이름에서도 알 수 있듯 문제집입니다. 문제 푸는 것이 목적이에요. 각 문제는 독해력을 측정하기 위한 것입니다. 글을 읽고 이해하는 것이 독해이기에 글은 실렸는데, 이 글은 문제를 구성하기 위해 실린 글이라 답을 명확히 찾을 수 있는 글이죠. 즉 행간을 깊이 담는 글은 아니라고 볼 수 있습니다. 조각 글이라서 하나의 메시지를 길게 풀어낼 수 없다 보니 사고력을 키우기엔 다소 부족합니다.

두 텍스트를 대할 때, 아이의 모습도 고려해 보세요. 책 읽기는 일차적으로 즐거움을 목적으로 합니다. 독해문제집은 문제 풀이를 목적으로 합니다. 그렇다 보니 글을 대하는 자세가 다를 수밖에 없겠지요. 우리가 많이 간과하는 것 중 하나는 독자의 정서입니다. 긍정적이고 행복한 마음으로 글을 대해야 집중력이 높아지고 이해도 잘 됩니다. 그래야 독해력도 성장하고요.

근본적으로 즐거움을 목적으로 한 독서는 그래서 평생 유지가 가능한 것이고, 독해문제집은 스트레스를 줄 뿐 아니라 한 권을 끝까지 풀기도 쉽지 않은 것입니다. 특히 답을 내야 하는 문제, 그중에서도 사지선다, 오지선다에서 딱 하나를 찾아내야 하는 문제는 세밀한 사고를 요구하기 때문에 스트레스가 큽니다. 다른 문제집도 마찬가지여서 풀어야 하는 문제집이 많을수록 힘들어지겠죠.

독해문제집을 책과 동일시하는 경우를 종종 보기 때문에 지금까지는 그 차이점을 말씀드린 거고요. 물론 독해문제집도 나름대로 효용이 있고 존재 목적이 있습니다. 그렇기에 꾸준히 출간되는 것이겠지요. 독해문제집으로 얻을 수 있는 것은 무엇인지 말씀드린다면, 문제집은 말 그대로 문제 중심이라 다양한 문제 유형을 경험해 볼 수 있다는 것입니다. 조금씩 다른 보기에서 더 정확한 것을 찾는 연습도 되고요. 문제의 의도를 파악하는 연습, 지문을 세밀하게 분석하는 힘을 키울 수 있습니다.

독해문제집에서는 다양한 지문을 만나기 좋습니다. 역사, 과학, 사회, 시사 등 매우 다양한 영역의 지문이 깔끔하게 정리돼 있죠. 만약 해당 분야 책을 즐겨 읽지 않는다면 독해문제집 안에 실린 글을 읽고 배경지식과 기초 상식을 쌓을 수도 있습니다. 역사책을 좋아하지 않는다면 독해문제집 중 역사 지문을 다룬 걸 골라 읽어보는 식이죠. 특정 분야 책만 읽을 때, 차선책으로 선택하면 좋다는 것입니다.

독해문제집은 보통 왼쪽에는 지문, 오른쪽에는 문제로 구성된 경우가 많은데요. 배경지식과 기초 상식 쌓기가 목적이라면 저는 오른쪽의 문제는 풀지 않아도 된다고 말씀드려요. 부모 입장에서는 문제를 풀어야 글을 잘 읽을 것 같지만, 문제 때문에 글도 읽기 싫어지는 것보다는 낫습니다. 그래도 문제를 풀지 않는 게 찜찜하다면 지문만 활용하는 방법을 조금 더 안내드릴게요.

우선 문학 글이라면 읽고 나서 어떤 내용이 재밌었는지, 어떤 사람이 인상 깊었는지, 글의 다음 내용은 무엇일지 생각하고 말해보게 하면 좋습니다. 비문학 글이라면 새로 알게 된 내용, 신기한 내용, 기억하고 싶은 내용을 찾아 밑줄 긋게 해주세요. 글에 관심 별점을 표시하게 해봐도 좋습니다. 그럼 문제를 풀지 않아도 재밌게 읽은 내용을 이해하는 정도까지 확인할 수 있고, 텍스트를 좀 더 적극적으로 대하는 자세도 가르칠 수 있습니다.

마지막으로 독해문제집의 단계성도 잘 활용해 보세요. 독해문제집은 보통 단계별, 학년별로 출간됐고 학년별 문제집의 지문은 해당 학년이 읽기 적합하게 만들어졌습니다. 아이 학년의 문제집을 골라 지문을 읽고 문제를 풀어보며 객관적으로 아이의 읽기 수준을 판단해 보기에 좋습니다. 읽기 능력 평가는 방학 등을 활용해 1년에 1~2회 정도만 해보면 충분합니다.

아이와 함께 독해문제집을 풀어본 분들은 잘 아실 거예요. 처음에는 비교적 흥미로워할지 모르나 한 권을 다 마치기 쉽지 않습니다. 무엇보다 틀린 문제가 있을 때 왜 틀렸는지 파악하고 설명해 주는 과정에서 큰소리가 오가기 쉽고, 서로 힘든 상황을 마주할 수 있습니다. 저학년일수록 자신이 알거나 이해한 것을 명확히 표현하기 어렵고, 아직 텍스트를 자기중심으로 해석할 때이기 때문에 문제를 틀렸다고 해서 독해력이 부족하다고 단언하기도 어렵습니다. 만약 정말 몰라서 틀리는 문제가 많다면 글 이해력이 부족한 것이니 문제집을 계속 풀 게 아니라 그럴수록 오히려 더 책 읽기를 해야 하는 것이죠.

당장 효과가 눈에 보이지 않는다고 해서 책과 문제집을 저울질

하다가 너무 일찍부터 문제집 중심으로 독해력을 끌어올리기 위해 애쓰지는 않기를 부탁드리고 싶습니다. 주변을 보면 여러 학습지를 푸느라고 본의 아니게 독서가 미뤄지는 경우가 있는데 안타까운 상황이죠. 책상에 바르게 앉아 문제에 집중할 때에만 읽기 실력이 성장하는 것은 아닙니다. 아이가 뒹굴뒹굴 누워서 놀 때처럼 즐겁게 책을 읽을 때 읽기 실력이 성장합니다.

다독, 정독, 그것이 문제로다

생각보다 많은 부모들이 매우 막연하게 일단 그냥 많이 읽으면 좋겠다고 생각하며 다독을 바라시고, 가끔은 다독할 수 있는 방법을 물으십니다. 부모 입장에서는 틈나는 대로 책을 읽고 즐기는 아이가 되길 바라는 것이 자연스럽겠지만, 다독을 당위로 여겨 은연중에 강조할수록 책 자체를 즐기기는 어렵습니다. 또 한때는 같은 책만 반복해 보는 시기도 있는데, 다독해야 한다고 생각하면 이 모습 또한 여유롭게 넘기기 힘들죠.

게다가 우리나라에만 있는 출판 형태인 전집 중심의 책 구매만을 하게 될 가능성도 있습니다. 전집이 나쁘진 않습니다만, 전집을 구매한다는 건 그것을 다 읽기를 기대한다는 뜻이기도 합니다. 그렇지 않더라도 오래 두고 보았으면 하는 마음일 수도 있겠습니다. 그러나 아시는 대로 대부분 가정에서 오래된 전집은 유물인 걸요.

그런데 결론부터 이야기하자면 다독은 당위가 아니라 현상입니다. 해야 할지 말아야 할지를 논할 문제가 아니라는 것이지요. 독자로 살아가다 보면 자연스럽게 때때로 경험하게 되는 것이 다독입니다. 아이들 스스로 책 읽는 기쁨을 맛보면 한동안 많이 읽는 현상이 나타납니다. 자전거 타기를 혼자 할 줄 알게 되면 신나서 한동안 자전거만 타는 것처럼 말이죠.

저런 시기에만 다독 현상이 나타나는 것은 아닙니다. 독자 개인의 상황에 따라서도 나타납니다. 예컨대 갑자기 시간이 많아졌거나 다른 걸 할 수 없는 상황이겠죠. 코로나 팬데믹이 발생한 이후 갑자기 아이들 책, 특히 전집 판매가 늘어났다고 합니다. 다른 걸할 수 없는 상황이 되다 보니 일시적으로 독서하는 어른도 많아졌다고 합니다. 매우 특수한 상황이긴 하죠. 시골 친척집에 갔는데 특별히 할 일이 없는 경우, 긴 휴가가 생긴 경우, 갑자기 아파 입원한 경우, 이런 경우들을 마주하면 일시적으로 다독을 하게 됩니다.

물론 의지로 다독하는 경우도 있습니다. 독서 좀 해보겠다는 의지를 다지고 습관을 형성하고자 일부러 10권, 20권, 많게는 1년에 100권 등 권수를 정해놓은 경우입니다. 저는 전국 아이들의 독서를 장려하고자 하는 마음으로 네이버 카페를 운영 중인데요, 아이들과 독서 프로젝트를 할 때 대강의 기한만 정해주고 권수는 아이 스스로 정하게 합니다. 스스로 정한 목표에 따라 책을 읽는 것도 하나의 독서교육이기 때문이죠.

이렇게 읽기 상황, 생활 상황, 독자 상황 등 여러 면에서 다독이 어떤 현상으로 나타난다는 것은, 누군가 의도적으로 타인에게 다독을 하도록 만들 수 없다는 뜻입니다. 부모의 의지, 선생님의 의지로 아이가 다독을 할 수는 없다는 것이죠. 오히려 타인의 의지에 의해 50권, 100권 정해진 책을 놓고 다독을 시키면 대충 읽기, 얇은 책만 읽기, 빨리 읽기 등의 모습을 보이며 정작 중요한 자발적인 독자, 능숙한 독자로 자라기 어렵습니다.

다독은 당위가 아닌 현상이므로 억지로 시키기보다는 그냥 자연스럽게 그쪽으로 흘러가게 두면 될 일입니다. 그럼에도 불구하고 이렇게 수면 위로 끌어올려 이야기하는 이유가 있습니다. 생각보다 많은 분들이 다독과 대립되는 독서법으로 정독을 이야기하기 때문입니다.

우리나라는 독서교육의 역사가 그렇게 오래되지 않았습니다. 제가 독서교육을 하기 시작한 2000년대 초반만 해도 독서지도라는 말 자체를 낯설어하는 부모들이 많았습니다. 그런데 갑자기 초등 독서교육 열풍이 풀었어요. 다독 열풍이 한창 불다가 어느 순간부터인가는 다독보다는 정독이 중요하다는 인식이 생겨 또 널리 퍼졌습니다. 그런데 정독도 현상에 가깝습니다. 너무 재밌는 책을 만났을 때 자신도 모르게 글자 하나하나 정확히, 단어 하나하나 정확히 이해하며 온 정신을 기울여 집중하게 되는 것이죠.

독서법은 상황에 맞게 적용해야 합니다. 앞에서 이야기한 것처럼 독서량이 너무 부족하다 싶어서 스스로 다독할 수도 있고요. 어떤 책은 너무 좋아 꼼꼼히 읽고 싶어 정독할 수 있습니다. 정보책의 필요한 부분만 읽고 싶어 발췌독을 할 수도 있고, 많이 읽어본 분야 책이라 자연스럽게 속독할 수도 있습니다. 이렇게 독서법은 독자와 텍스트 상황에 따라 적용되는 것인데 우리는 아이들에게 정독하라는 말을 정말 많이 합니다. 다독하라는 말도요.

일부 어른들은 아이들의 독서를 읽기로 보지 않고 학습으로 보기 때문에 저런 말들을 하게 됩니다. 이야기책이든, 정보 책이든 글자 하나하나 머릿속에 다 집어넣어야 한다고 생각하는 순간 무조건 씹어 먹듯이 읽으라고 요구하게 되는 거지요. 글을 잘 읽고 이해하는 것이 중요하지만 그렇다고 모든 책을 정독할 순 없습니다. 책 읽기는 독자와 텍스트 상황에 맞게 융통성 있게 하는 것입니다.

이야기가 길었습니다. 읽기 지도를 위해 어른이 가끔 정독과 다독을 시도하거나 권유할 순 있습니다. 그러나 기본적으로는 독자 스스로 상황에 맞게 읽는 방법을 적용할 줄 알아야만 합니다. 그러려면 자발적으로 읽어야 하고, 그래야 능동적으로 읽습니다. 섣불리 어떤 독서법을 강조하기보다 우선 스스로 읽을 수 있는 아이로 키워주세요.

✦

종이책이냐 전자책이냐

어느 도서관에서 강의를 마치고 질의응답 시간에 초등 1학년 자녀를 둔 한 어머님이 질문하셨어요. 남편과 책에 대한 의견이 다르다며 조언을 구하셨지요. 남편분은 시대의 흐름에 따라 전자책을 보는 것이 당연하니 종이책을 사지 말자는 쪽이었고, 어머님은 그래도 종이책을 봐야 할 것 같은데 어떡할지 고민된다는 것이었죠. 여러 이야기를 나눴으나 결론적으로는 종이책을 권유했습니다. 그 어머님은 종이책을 살 때마다 눈치가 보였는데 좀 더 당당해도 될 것 같다는 말씀을 남기고 돌아가셨습니다.

종이책과 전자책에 대한 논의는 생각보다 오래됐어요. 디지털 환경으로 바뀌며 꾸준히 오르내리는 읽기 교육 영역의 뜨거운 주제입니다. 무엇이 정답이라 단언하기엔 디지털 환경이 계속 변화, 발전하고 있으며 연령대, 읽기 자료 등 세부 주제에 대한 연구도 더 이뤄져야 한다고 봅니다. 그러나 디지털 교과서가 도입됐고 우리 아이들이 이미 다양한 형태의 디지털 읽기를 하고 있기 때문에 한 번쯤 생각해 봐야 할 주제입니다.

초등 1학년은 한창 부모가 책을 읽어주거나 함께 읽어야 하는 시기인데요. 그러므로 우리는 읽어주기를 하는 상황에서 무엇이 더 유용한지를 따져봐야 합니다. 그렇다면 더더욱 결론은 종이책입니다. 손에 기기를 들고 읽을 때보다 종이책을 들고 읽을 때 상호작용이 더 활발하거든요. 책을 읽어줄 때 중요한 건 무미건조하게 텍스트만 읽고 마치는 것이 아니라 아이의 반응과 요구에 맞게 조율하며 읽어 나가는 것입니다.

아이와 함께 종이책을 읽으면, 읽다가 한 장면에서 멈춰 그림을 보며 질문하고 대화를 나눌 수도 있고요. 다시 앞으로 돌아가고 싶을 때 쉽게 페이지를 뒤적거리며 대화가 가능하죠. 활발한 상호작용을 위해선 책을 읽어주는 시기만큼은 종이책을 선택하는 것이 더 유용할 수 있다는 것이 제 의견입니다. 특히 이야기책을 읽을 때, 종이책을 손에 잡고 있으면 두께감이 그대로 전달돼서 긴 서사를 이해하고 기억하는 데 도움이 됩니다.

반면 전자책은 책의 어느 부분까지 왔는지 알려면 스크린을 터치해야 하는데 크게 직관적이지는 않습니다. 읽다가 앞 내용을 확인하고 싶을 때 종이책처럼 후루룩 넘겨가며 찾기 쉽지 않고요. 그래서 저는 이제 막 글줄 책을 읽기 시작하는 1학년이라면 더욱 종이책을 들고 물성을 한껏 느끼며 읽어야 이야기책의 재미는 물론 읽기 실력 향상도 기대할 수 있을 거라고 생각합니다. 일부 디지털 읽기는 읽기보다는 보기에 가깝습니다. 터치하거나 스크롤하며 책을 읽으면 페이지를 훑어보게 되지요. 건성건성 읽게 되고, 읽기를 하다가 인터넷에 접속해 다른 행동을 하게 될 가능성도 높습니다.

상황에 따라 전자책이 유용할 때도 있습니다. 저도 점점 전자책 구입 비율이 늘어나고 있습니다. 공간과 환경의 문제도 사실 무시할 수 없거든요. 끊임없이 책을 보는 입장에서 봐야 할 책, 보고 싶은 책을 모두 종이책으로 구입하기는 공간 문제로 인해 어렵습니다.

나무를 아껴야 한다는 관점에서 일부러 전자책을 보는 독자도 늘었다고 합니다. 간과할 수 없는 부분이죠. 또한 글줄 책을 읽지 않는 아이일수록 만화책을 선호하는 것처럼 읽기를 좋아하지 않더라도 전자책을 즐겨 볼 수 있습니다. 그렇기에 읽기에 끌어들여야 하는 상황이라면 전자책이 필요하기도 한 것이죠.

궁극적으로는 종이책 읽기로 아이들을 유도해야 하지만, 디지털 읽기는 시대의 흐름에 따라 어느 정도 경험하고 받아들일 수밖에 없는 부분이기도 합니다. 아이, 청소년, 어른 할 것 없이 이미 신체 일부가 돼버린 스마트폰으로 여러 글을 읽고 소통하고 있으니까요. 디지털 교과서 도입과 확대 또한 디지털 읽기 환경을 만날 수밖에 없는 상황을 말해주죠. 그렇다면 스스로 선택할 수 있는 읽기 상황에서 종이책과 전자책 중 무엇을 선택해야 할지는 개개인이

고민해 봐야 할 문제입니다. 두 가지는 명확한 차이점이 있기 때문에 상황에 따른 적절한 지혜가 필요하다는 것이 제 결론입니다.

마지막으로 독서교육을 하는 사람이 아닌 한 사람의 독자 입장에서 조심스럽게 사견을 말씀드린다면, 어릴수록 종이책 읽기를 권하고 싶습니다. 우리가 책을 읽는다고 할 때, 책은 눈에 보이는 그 물건 자체를 말하죠. 책을 구입해서 기다리는 일, 도착한 책의 표지를 만지고 보는 일, 책 냄새를 맡으면서 한 장 한 장 넘기는 설렘, 읽었든 읽지 않았든 책 한 권을 책장에 꽂아두고 오며가며 볼 때의 행복감이 저에겐 매우 큽니다. 아이들 또한 저와 같은 기쁨을 느껴보았으면 하는 바람입니다.

2장.

아이 유형별
독서 가이드

글자는 아는데, 읽어달라는 아이

아이가 읽어달라고만 하는 경우가 있습니다. 초등 1~2학년 때 많이 보이는 현상인데, 읽어달라고만 하면 걱정되기 마련입니다. 혹시 계속 읽어달라고만 하는 것은 아닐지, 혼자 읽고 이해를 못하는 것은 아닐지 싶어서요. 가끔은 읽어주기가 너무 벅찬 것 또한 사실입니다. 특히 한글을 배우고 나면 글자를 아니까 혼자 읽었으면 하는 바람도 생기기 마련이죠. 혼자 읽었으면 해서 글자 습득 시기를 최대한 앞당기고 싶어 하는 분들도 있습니다.

일부 전문가들은 나중에는 읽어준다고 해도 싫어할 테니 마냥 읽어주라고도 합니다. 수긍은 되지만 사실 쉽지 않죠. 읽어준다는 일 자체가 상당한 노동일 수 있고, 언젠가 스스로 읽을 거라는 생각으로 막연히 기다리기도 쉽지는 않습니다. 저 문제를 해결하기 위해서는 읽어달라는 이유를 파악하는 게 가장 중요합니다.

그 이유에는 대표적으로 두 가지가 있습니다.

첫째, 아직 읽기 실력이 발달 중이라서 혼자 읽으면 글을 이해할 수 없는 경우입니다. 둘째, 혼자 읽고 이해할 힘은 있지만 그 노력을 기울이고 싶지 않은 경우입니다. 첫 번째인 경우, 읽는 능력이 미완성인 상황을 살펴보겠습니다. 자음, 모음을 읽고 글자를 읽을 줄 안다고 해서 바로 문장을 이해하는 건 아닙니다. 엄마, 학교, 놀이터라는 단어를 읽는다고 '학교에 다녀와서 엄마하고 놀이터에서 놀았다'는 문장을 이해할 수 있는 건 아니라는 거죠. 문장을 유창하게 읽더라도 그 의미를 파악하기까지는 상당한 시간이 걸립니다.

그런데 아이가 더듬더듬 단어를 읽는 단계에서 혼자 읽기를 시키면 이해를 못한 상태에서 책장을 넘기는 상황이 발생합니다. 이는 고학년까지 이어져 결국 읽기 문제를 일으킵니다. 이해를 못하는데도 그냥 글자만 읽어나가는 잘못된 읽기 습관, 자기 학년 글보다 2~3단계 낮은 수준의 독서력, 내용을 잘못 이해하는 오독, 표면적인 내용은 대강 알지만 그 이면에 숨은 의미는 전혀 파악해내지 못하는 방식으로요.

현장에서 저는 이런 읽기 문제를 보이는 고학년 아이를 많이 만납니다. 상담과 관찰을 통해 알아보면 대부분 1학년 전후로, 막 글자를 깨우쳤는데 엄마가 읽어주기를 멈췄거나 혼자서 읽어야 했던 아이들이었습니다. 혼자 읽다 이해가 안 되니 읽기 경험 자체가 부족해 발전이 매우 더딥니다. 이런 경우라면 무조건 읽어주고 또 읽어줘야 합니다. 소리 내어 유창하게 읽기 전까지는 혼자 읽으면 의미 구성을 잘 못한다는 것을 꼭 기억해 주세요. 스스로 이해하는 수준이 되면 혼자 읽을 테니 그때까진 계속 읽어주세요.

두 번째는 문장을 이해하는 수준이 됐는데도 읽어달라는 경우입니다. 한 페이지에 5~6줄이 있는 책을 묵독으로 읽고 내용 이해를 다 하는데도 읽어달란 아이들이 있습니다. 이 경우는 다시 두 가지로 나눠 생각해볼 수 있습니다. 엄마 아빠가 좋아서인 경우와 책을 읽고 싶긴 하지만 에너지를 쓰고 싶지 않은 경우로요.

전자는 엄마 아빠가 책 읽어주는 시간이 좋아서 읽어달라는 것입니다. 책을 두고 엄마 아빠와 나눈 대화, 그 시간의 분위기, 다양한 상호작용 등이 아이를 충만하게 한다면 계속 읽어달라고 할 거예요. 쉽게 말하면 '같이 놀아 달라'는 말입니다. 후자는 책을 읽고는 싶으나 에너지를 들이고 싶지 않은 경우입니다. 문장 이해를 다한다고 해서 글 읽기가 쉬워지는 것은 아닙니다.

글자를 쪼개어 이해하는 해독 단계를 넘어 의미 구성을 할 줄 아는 단계가 되면 이때부터 스스로 책을 읽으며 읽기 실력을 꾸준히 성장시켜야 하는데요. 글을 읽고 의미를 구성하는 일은 생각보다 피곤한 일입니다. 문장 하나를 읽고 이해한 다음, 또 다른 문장을 읽고 이해하려면 앞 내용까지 다시 떠올려야 하니까요. 읽다가 자기 경험을 끌어와 생각해야 하고, 숨겨진 의미도 파악하는 등 읽기는 상당히 복합적인 인지 능력을 요구하는 일입니다.

문장을 읽을 줄 아는 것과 독서를 하는 건 다른 문제입니다. 우리나라에 문해맹, 즉 읽을 줄 알지만 읽지 않는 성인이 상당히 많은 것도 마찬가지 이유입니다. 지금처럼 말초신경을 자극하는 영상이 넘쳐나는 시대에 노력을 기울여야 하는 읽기보다는, 생각하지 않아도 되고 심지어 뇌를 정지 상태로 만드는 것들을 택하는 게 자연스러운지도 모르겠네요.

　더 나은 사람이 되려는 의지가 충만한 사람만이 결국 읽기를 유지하는 게 아닐까 그런 생각마저 드는 요즘, 이제 막 문장을 이해하는 단계의 아이들이 스스로 글자를 읽고 이해하는 데 에너지를 쓰기 힘들어 읽어달라고 하는 건 어쩌면 당연한지도 모르겠습니다. 그럼에도 읽기 실력은 결국 자신이 스스로 읽어내야만 발전하므로, 혼자 읽지 않으려는 아이를 위한 지혜와 전략이 필요합니다.

　아이가 자꾸만 읽어달라고 한다면 한 번 읽어준 책을 묵독으로 혼자 읽게 해주세요. 내용을 잘 알고 읽기 때문에 처음부터 혼자 읽는 것보다는 이해에 필요한 에너지가 덜 들어갑니다. 처음 읽는 책을 혼자 읽는 것보다 부담도 덜합니다. 아이 입장에선 혼자 읽기 싫은 마음을 이해받는 기분일 수도 있고, 읽어주는 어른 입장에서는 모르는 길을 손잡고 가주는 거예요. 그다음은 그 길을 혼자서도 가게 해줘야겠죠.

　다음으로는 전부 읽어주지 말고 앞부분만 읽어주세요. 정확히 말하면 이제 막 사건이 나올 듯 말 듯 한 부분, 재미있어지려는 부분 전까지 읽어주는 거예요. 이 책은 정말 재밌을 거라는 확신이 생기면 그다음부터는 궁금해서라도 인지 자원을 사용해 읽어나갈 수 있습니다. 이 과정을 반복하다 보면 조금씩 읽기에 익숙해져 책을 처음부터 혼자 펴서 읽을 수도 있습니다. 혼자 걸을 수 있도록 조금 손잡고 걸어주신다고 생각하면 됩니다.

간혹 이를 거부하는 아이들이 있어요. 끝까지 읽어주길 원하는 거죠. 그럴 때는 읽어주지는 않되 곁에 있어 주세요. 아이가 읽는 책을 같이 읽든 다른 책을 읽든 한 공간에서 읽는 일 자체를 같이 해주시는 거예요. 어른도 아마 모두가 읽는 공간에 머문다면 분위기에 힘입어 평소보다 더 오래, 많이 읽을 수 있을 거예요. 읽기 노동을 하는 사람이 내 옆에도 있다는 게 큰 힘이 됩니다. 아이도 그걸 느끼게 해주면 점차 혼자서도 읽을 거예요.

읽어달라고만 할 때 무조건 읽어주기도, 반대로 글자를 아니까 혼자 읽으라고 하기도, 다 능사는 아니라는 것을 이해하셨으리라 생각합니다. 우리 아이가 읽지 않으려고 하는 원인을 잘 살펴서 지혜롭게 대처하시면 좋겠습니다.

글자가 없는 책만 읽으려는 아이

그림책을 충분히 보았음에도, 그리고 읽기 책을 혼자 읽을 수 있음에도 선택지 앞에서 그림책만 자꾸 보려는 아이도 있습니다. 아무래도 글만으로 이야기를 이해해야 하는 읽기 책이 생각의 힘을 더 요구하기 때문인데요. 쉽게 말하면 힘든 일보다 덜 힘든 걸 하고 싶은 자연스러운 심리입니다. 이럴 땐 읽기 책에 익숙해지도록 도와주려는 노력이 필요합니다.

글을 읽는 건 인지적으로 부담되는 일입니다. 독서는 텍스트를 읽고 이해하는 걸 넘어 끊임없이 생각하고 또 생각해야 하는 일이에요. 어린 독자들뿐 아니라 어른들 또한 이 과정의 어려움과 번거로움 때문에 스스로 굳은 의지를 갖지 않는 한 책 읽기보다는 생각하지 않고 보이는 대로 수용하면 되는 가벼운 영상들을 보게 되는 것이고요.

읽기 책에 익숙해질 수 있도록 도와줄 가장 쉬운 방법은 먼저 1회 읽어주는 것입니다. 너무 당연한 이야기라서 실망하셨나요? 하지만 이보다 더 좋은 건 없습니다. 스스로 읽고 이해하기가 좀 버거울 때 대신 읽어주면 쉽게 스토리가 이해되겠지요. 여기서만 끝내면 혼자 책을 읽은 것은 아니니 그다음으로 반드시 그 책을 혼자 읽도록 해주셔야 합니다. 어른 도움으로 스토리를 이해한 상태로 글을 읽으면 읽기에 자신감이 생길 수 있어요. 처음 자전거 탈 때 누군가 잡아주면 잘 탈 수 있는 것처럼 말이에요.

그런데 결국 자전거는 누군가 잡아주지 않아도 탈 수 있어야겠죠? 읽어주지 않은 책도 혼자 읽고 즐길 수 있어야 하는데요. 독서를 자발적으로 하게 하는 강력한 한 가지 요건이 있습니다. 바로 이야기의 즐거움이에요. 한마디로 말하면 이야기가 상당히 재미있다면 스스로가 노력을 기울여 읽으려 한다는 겁니다. 정상에 오르는 기쁨을 느끼기 위해 산에 오르는 그 힘든 과정을 스스로 겪고자 하는 것과 비슷합니다.

이 과정에 도움이 될 책 몇 권을 소개하려고 해요. 텍스트가 많지 않고, 이야기가 재밌으며 적절한 삽화가 글 이해에 도움을 주는 책들입니다. 대부분 시리즈인데요. 시리즈는 쭉 이어 읽을 수 있어 자신도 모르게 읽기 자신감을 갖는 걸 도와준답니다.

📖 이야기의 즐거움을 알려주는 책

- 무라카미 시이코, 《냉장고의 여름 방학》, 북뱅크, 2014
- 다니엘 포세트, 《칠판 앞에 나가기 싫어》, 비룡소, 1997
- 트롤, 《엉덩이 탐정》 시리즈, 미래엔아이세움, 2016
- 홍민정, 《고양이 해결사 깜냥》 시리즈, 창비, 2020

책을 너무 빨리 읽어버리는 아이

아이가 책을 너무 빨리 읽어버려서 걱정이라는 질문도 단골 질문입니다. 이런 질문을 하실 때는 항상 빨리 읽는 것이 습관이 될까 봐 걱정이라는 말씀을 덧붙이시곤 합니다. 저도 이런 친구들을 많이 만나면서 관찰도 하고 대화도 나눠 보았는데요. 우선 빨리 읽는 습관이라는 말 자체에 대해 생각해 봐야 합니다.

만약 아이가 스스로 독서라는 행위를 선택했다면 빨리 읽는 습관을 갖고 있기는 쉽지 않습니다. 왜냐하면 독서가 좋아서 하는 거라면, 책을 빨리 읽어버렸을 땐 재미를 느끼지 못하거든요. 스스로 읽는 독자라면 빨리 읽는 모습을 보일 수는 있어도 평생 모든 책을 빠르게 읽지는 않는다는 점을 먼저 기억하시면 좋겠습니다.

보통 빨리 읽는 모습을 보며 속독을 해서 걱정이라는 말씀을 많이 하시는데, 이게 정말로 문제인지 정확히 짚고 넘어가야 할 것 같습니다. 본래 속독連讀은 글자 그대로 책을 빨리 읽는 독서법을 말합니다. 무조건 빨리 읽는 것이 아니라 잘 이해하면서 읽는 것을 뜻해요. 속독은 하나의 독서 기술이기도 하고, 직업적으로 필요한 분들은 따로 배우기도 합니다.

또한 같은 분야 책을 많이 읽으면 자연스럽게 얻어지는 능력이기도 합니다. 자주 읽던 분야 책은 글의 구조 배경지식이 풍부해 책 전체 구조나 흐름을 빨리 파악할 수 있죠. 아는 길을 갈 때에는 모르는 길을 갈 때보다 빨리 가는 것과 같은 이치입니다. 보통 부모님들은 빨리 읽기를 대충 읽기와 동의어로 생각해 걱정하시는 경우가 많아요. 속독을 대충 읽기로 오해하시는 거죠. 두 가지가 같지 않다는 걸 기억해 주시면 좋겠습니다.

아이가 책을 빨리 읽어버리면 정독하라는 말도 하곤 합니다. 정독精讀은 한 글자 한 글자 뜻을 정확히 이해해가면서 읽는 것을 말하는데요. 이것도 여러 독서법 중에서 한 가지죠. 목적과 상황에 맞는 독서법이 있고, 반드시 정독을 해야 하는 것은 아닙니다. 그러니 책을 빨리 읽는 아이를 보고 정독하라는 것은 매우 막연한 지도일 수 있습니다. 지금부터 본격적으로 아이가 책을 빨리 읽게 되는 상황과 솔루션을 하나씩 설명해 드리겠습니다.

원인 1. 원치 않는 책을 읽어야 할 때

아이가 원하지 않는 책을 읽어야 하는 상황이 있습니다. 원하지 않는 책은 낯선 책일 가능성이 높기 때문에 재미가 없습니다. 원하지 않는다는 건 흥미가 없다는 뜻도 되고요. 책을 읽을 때 가장 중요한 것은 책에 대한 호감도입니다. 만약 맞은편에 관심 없는 사람이 앉은 경우 집중해서 대화하기 어려운 것처럼 책도 마찬가지입니다. 호감이 없다면 빨리, 대충 읽을 수밖에 없는 건 당연하죠.

책은 독자 스스로 선택해서 읽어야 한다는 대전제를 꼭 기억해주시면 좋겠습니다. 만약 정말 어쩔 수 없이 읽어야 하는 책이라면 같이 읽으면서 대화를 나누시거나, 혹은 배경지식이나 책의 특성 등에 대한 정보를 미리 주어서 읽기를 도와주세요. 그것이 더 현명한 방법일 수 있습니다.

원인 2. 매력 없는 책을 읽어야 할 때

보통 이야기책을 읽을 때 이런 현상이 많이 발생하는데요. 책을 읽는 것은 상당한 인지적 노력을 필요로 합니다. 그렇기에 독자는 정말 좋아하는 작가, 재밌을 거라는 확신이 드는 책이 아니라면 일단은 펼쳐서 쓰윽 읽어나갑니다. 최소한의 인지 자원만 사용하는 것이죠. 이것은 인간이 인지 구두쇠이기 때문에 일어나는 자연스러운 현상이기도 합니다.

그러다가 재밌겠다는 판단이 들면 앞으로 돌아가 다시 읽기도 하고, 집중해서 읽어나가기도 합니다. 어떤 책은 스토리가 궁금하긴 한데 그래도 최대의 노력을 들이고 싶지 않아 마지막 페이지까지 쓰윽 읽고 말 때도 있습니다. 저 또한 독자로 살면서 정말 씹어먹듯 집중해서 읽는 책이 있는가 하면 적당한 노력을 들여 쓰윽 읽는 책도 있습니다.

책마다 독자에게 닿는 매력도가 다르기 때문에 모든 책을 같은 속도로 정독하긴 어렵지요. 열 권을 읽으면 열 권을 제각각 다른 속도와 다른 크기의 노력으로 읽을 거예요. 그러다 보면 꼼꼼히 읽을 뿐 아니라 여러 번 읽게 되는 정말 좋은 책을 만날 수 있습니다.

원인 3. 익숙한 패턴의 책을 읽어야 할 때

앞에 잠시 구조 배경지식, 내용 배경지식에 대해 이야기했는데요. 내용 배경지식은 말 그대로 해당 분야의 지식을 뜻합니다. 과학책을 많이 읽은 아이는 과학 관련 배경지식이 많기 때문에 과학 분야 책을 읽을 때 아는 부분은 빨리 넘어가고 모르는 부분은 비교적 천천히 읽어나갈 가능성이 높습니다. 다른 분야 책도 마찬가지입니다. 이 모습이 빨리 읽기, 대충 읽기로 보일 거고요.

가만 지켜보면 책의 처음부터 끝까지 빠른 속도로 넘기지는 않을 거예요. 획획 넘기다가도 중간 중간 멈추어서 세심히 보는 부분이 있을 거예요. 약간 다른 개념이긴 하지만 발췌독과 비슷한 독서이기도 합니다. 필요한 부분, 궁금했던 부분만 읽어나가는 것이죠.

지식 책을 종종 이렇게 읽는 경우가 있고 이는 문제될 것이 없습니다.

이야기책의 경우는 구조 배경지식으로 책장을 빨리 넘기며 읽어나갈 때가 있습니다. 구조 배경지식은 말 그대로 구조에 대한 익숙함입니다. 기승전결, 발단-전개-위기-절정-결말과 같은 것이죠. 이야기책을 많이 읽은 아이들은 이 패턴이 내재화돼 읽으면서 스스로 알아챕니다. '아, 여긴 등장인물과 배경이 소개되는 부분이구나, 여기서부터는 슬슬 이야기가 나오겠구나, 드디어 사건이 벌어지네'처럼 말이죠.

이렇게 구조에 대한 익숙함이 책장을 빨리 빨리 넘기게 하는데 이는 특별히 나쁘다고 볼 순 없습니다. 오히려 한창 혼자 읽기에 재미를 들일 때 나타나는 현상이기도 하고 이때쯤 다독으로 접어들면서 책 읽기의 효능을 느낄 수도 있습니다.

두 권 이상 출간된 시리즈 책을 읽을 때도 빨리 읽기 현상이 보이는데요. 시리즈는 1권에 이미 등장인물과 그들의 성격, 그리고 그들이 펼치는 사건의 흐름 등에 대한 기본 정보가 있기 때문에 2권부터는 더 빠르게 읽어나갈 수가 있습니다. 이 또한 재미를 붙여 가며 읽는 과정이기 때문에 특별히 문제될 것은 없습니다. 다만 이런 독서가 너무 계속되면 비슷한 패턴의 책만 읽는다는 것이니, 새로운 책을 권해줄 필요도 있습니다.

본래 좋아하는 책을 몰입해서 읽다 보면 읽고 있는 책보다 더 수준 있는 책을 찾아 읽으면서 독서를 통한 사고력이 깊어지는데요. 가끔 그렇게 확장되지 않고 늘 읽던 패턴의 책만 읽던 방식으로 읽는 경우가 있어요. 그러면 읽어도 사고력이 많이 성장하지 않아요.

새로운 책을 찾는 가장 쉬운 방법은 새로운 작가를 만나게 해주는 거예요. 이야기책의 큰 구조는 대체로 같지만 작가마다 이야기를 전개하는 방식, 사용하는 어휘나 문장 등에 차이가 있습니다. 그래서 익숙하게 읽던 책과는 달리 좀 더 천천히 읽을 가능성이 높습니다. 이는 단순히 천천히 읽게 하기 위해서가 아니라 다양한 작가의 세계를 만나게 한다는 의미에서도 필요합니다.

또 이야기책 안에서 분야를 넓혀주는 것도 필요합니다. 이야기책도 세부 분야가 있습니다. 창작, 추리, 탐정, 판타지, 모험, 옛이야기 등이지요. 이 각각의 이야기는 이야기 흐름이나 표현하는 방식, 다루는 소재나 주제가 모두 다릅니다. 그렇기에 이렇게 이야기책 안에서의 분야를 넓혀주는 것도 문장을 좀 더 천천히 읽게 할 수 있는 좋은 방법이에요.

원인 4. 만화책에 익숙해졌을 때

학습만화책 읽기가 너무 오래 지속되면 글줄 책 읽기가 힘들어질 수 있습니다. 학습만화책은 기본적으로 책장을 빨리 넘기도록 구성돼 있기 때문에 획획 넘기는 것이 몸에 익을 수 있고, 생각의

자원이 많이 필요하지 않으므로 눈으로 활자를 빠르게 따라가는 것 또한 몸에 새겨질 가능성이 있습니다.

그렇다 보니 글줄 책을 읽을 때 글을 다 읽지 않았는데도 손이 먼저 책장을 넘기고 있거나, 생각해 봐야 하는 문장인데도 자기도 모르게 그냥 활자만 읽어버릴 수도 있습니다. 이런 경우에는 정말 빨리, 대충 읽어버리는 것이기 때문에 앞서 이야기한 대로 만화책 읽기 시간을 조절해줘야 합니다.

🏯 🎲 🎓 👤

독서 전문가들 중에는 많이 읽지 말고 한 권이라도 제대로 읽으라거나, 문장을 필사하라거나, 사색하며 읽으라는 조언을 하는 사람이 있습니다. 분명히 좋은 독서법이고 저도 어느 정도 동의합니다. 그러나 아이들의 독서는 조금 다릅니다.

아이들은 독서하는 목적 자체가 '새로운 스토리와의 만남과 거기에서 얻을 수 있는 즐거움'입니다. 어른들이 새 드라마가 시작되면 설레고, 끝나면 아쉬워하며 또 다른 드라마를 기다리는 것과 비슷하죠. 새로운 스토리, 그리고 그 스토리 안에서의 사건이 궁금해 책을 펼쳐들기 때문에 기본적으로 읽는 속도가 어른들보다 빠를 수밖에 없습니다.

사건이 언제 나오는지 기다리며 발단과 전개 부분은 빠르게 읽고, 사건이 시작되면 최고로 몰입하다가, 이야기가 어떻게 끝날지 궁금해 쉬지 않고 전진합니다. 문장에 쓰인 아름다운 어휘, 문장 자체의 맛보다는 오로지 사건 전개가 궁금한 것이죠. 그렇기 때문에 책을 읽다 어른들처럼 플래그를 붙이거나 덮고 사색하지 않는 것이죠.

아이가 사색하며 책 읽기를 원한다면, 책을 읽은 후 이야기를 나눠 보세요. 공부하듯 딱딱한 질문이 아니라 드라마 보고 수다 떨듯, 영화 보고 나와 이야기하듯 편하게요. 내용을 다 알지 않아도 상관없습니다. '아까 엄청 몰입해서 보던데 재밌었어?' '진짜 궁금해. 어떻게 된 건데?' '그래서 너는 그 사람이 맘에 들어?' '결말이 맘에 들어?' 등 진심으로 궁금한 마음을 가지고 질문해 보세요.

저도 아이들이 책을 읽어오면 자연스럽게 이런 대화로 시작합니다. 정말 자유로운 감상이 나오고요. 답을 하다 막히면 책을 다시 찾아 읽으며 답하는 아이도 있습니다. 평소 내용을 정확히 읽었는지에만 초점을 맞춰 취조하듯 질문하면 대화하기 싫어하기도 하니까 '초등 1학년 첫 독서' 시기에 잘 시작해 주시기를 부탁드립니다.

가끔 말하는 것 자체를 싫어하는 아이도 있는데 사실 이것도 문제는 아닙니다. 저도 성향상 제가 읽은 내용, 경험, 제 마음이나 생각을 타인에게 주절주절 말하는 스타일은 아닙니다. 주변에서 이런 저를 답답하다고 할 정도로 사석에선 저도 말이 없는 편이기에 그런 아이들도 충분히 이해합니다. 그런 경우에는 위 질문 중에 한

두 가지만 골라 기록하게 해주세요.

2021년에 출간된 제 책《초등완성 생각정리 독서법》에는 그런 아이들을 위해 생각 카드를 수록했는데요. 여러 질문 중에 두어 가지만 답하는 것인데도 아이들이 책을 다시 펼쳐보기도 하고, 간단해 보이지만 생각을 해야 해서 귀찮다면서도 제법 열심히 합니다.

말하기도 쓰기도 싫어하는 아이라면 그저 독서가 끊이지 않도록 도와주시고 다양한 소재와 작가의 이야기를 만나게 해주세요. 끊임없이 읽다보면 결국 초등 고학년 때는 명작이나 깊이 있는 이야기책까지 읽게 될 거예요. 어떤 이야기책이든 일단 계속 읽기만 한다면, 어떤 형태로든 성장하게 돼 있으니 그저 꾸준한 읽기를 지지하고 도와주세요.

매번 이야기책만 읽겠다는 아이

아이가 이야기책만 읽는다는 고민을 하시는 분들도 꽤 많습니다. 이게 왜 고민인지 여쭈어보면 지식 책도 좀 읽어야 할 것 같다고 이야기하는 경우가 대부분입니다. 꼭 지식 책이 아니더라도 여러 책을 골고루 읽어야 다양한 것을 받아들여 독서 효과를 제대로 누린다고 생각하시기도 합니다. 한편으로 이야기책은 스토리이기 때문에 가벼운 재미만을 충족시킬 수 있을 뿐 지적, 정서적 성장에 도움이 되지 않을 거라고 생각하시는 경우도 있습니다.

이 문제는 이야기책만 읽는다는 것의 의미, 그리고 이야기책은 정말 얕은 재미만을 주는지, 지식 책은 꼭 읽어야 하는지, 이 세 가지로 나눠 생각해 봐야 하는데요. 우선 이야기책만 읽는다는 것의 의미에 대해 먼저 생각해 보겠습니다. 우리 아이들의 하루하루가 사실 이야기입니다. 실제 살아 숨 쉬는 생생한 이야기죠. 이걸 작가가 창작해 글로 표현하면 그것이 곧 이야기책이 되는 것인데요. 아이들마다 다르긴 하지만 평균적으로 지식 책보다는 이야기책만 읽는 아이들이 많긴 합니다. 그렇다면 그 이유도 있겠지요.

우선 이야기책의 내용은 아이 생활 속에서 겪은 일들과 비슷하기 때문에 지식 책에 비해선 편하게 읽을 수 있습니다. 그리고 인간은 본래 이야기의 재미를 추구하는 존재입니다. 어른들이 드라마와 영화를 계속 보는 이유이기도 하죠. 카페에 앉아 지인과 대화를 나눌 때 옆 자리의 이야기에 괜히 귀가 쫑긋하는 것도, 남의 이야기에 끼어들어 참견하는 사람이 있는 것도 모두 같은 맥락입니다. 누구나 어릴 적 누군가 들려주던 옛이야기를 좋아했고 그 시간을 기억하는 것도요.

이렇게 이야기를 좋아하는 인간의 본능은 늘 새로운 이야기를 갈구합니다. 그러니 아이들이 이야기책에 손을 뻗는 것은 당연한 일입니다. 아이가 이야기책을 좋아한다면, 초등 6년 간 다양한 이야기책을 만나도록 도와줘야 합니다. 옛이야기, 생활 동화, 판타지, 모험 이야기, 추리 이야기, 우리 고전, 세계 명작까지 범위는 매우 넓습니다. 각각 이야기를 다루는 방식, 주제, 소재의 차이가 있어 같은 이야기책이라도 폭넓게 읽는다면 읽기 실력이 성장합니다.

1학년이 읽는 이야기책이 스토리만 보면 쉬워 보이지만 모든 작가는 스토리 안에 생각할 거리, 전하고자 하는 주제를 담아 놓습니다. 스토리를 읽다 보면 자연스럽게 그것을 만나게 되고요. 그래서 이야기책을 꾸준히 읽는 아이는 매일 생각하고 매일 질문하게 됩니다. 이 과정에서 깊어지고 성장합니다. 결코 가벼운 장르가 아니라는 것입니다.

이야기책만 읽어서 걱정이라는 말 뒤에는 보통 지식 책 읽기가 언급되는데요. 지식 책은 꼭 읽어야 하는 책일까요? 흔히 지식 책을 교과와 연계해 교과 지식을 얻는 수단으로 생각하거나 그렇지 않으면 똑똑해지기 위해서 읽어야 한다고 생각하는 경우가 많습니다. 아이들하고도 이야기를 나누다 보면 이야기책을 즐겨 읽는 아이조차 책을 읽는 이유로 똑똑해져야 해서, 지식을 머릿속에 넣어야 해서, 라고 이야기하는 경우가 많습니다.

이는 모두 어른들의 생각이죠. 초등학생 때, 특히 저학년 때, 지식 책을 일정한 커리큘럼에 따라 읽어야 할 이유는 없습니다. 저학년은 독서 태도가 중요한 나이입니다. 책에 대해서 좋은 인식을 갖는 것이 최우선이 되어야 할 때입니다. 이때 아이와 잘 맞지 않는 지식 책을 지속적으로 권하거나 좋아하는 이야기책 읽기를 제한하면 오히려 지식 책에 대한 호감도만 낮아질 뿐입니다. 막연한 거부감이 생길 수도 있고요.

이야기책만 읽는다며 막기보다는, 우선 폭넓은 이야기책을 읽히는 걸 기본으로 해주세요. 그다음 지식 책의 효용도 있으니 지혜롭게 접근하면 좋겠습니다. '이야기책 그만 읽고 지식 책 좀 보자'처럼 두 가지를 대비시키는 말은 우선 자제해 주시고요. 좋아하는 걸 거부당한 아이는 그 말을 계속 하는 사람에게도 부정적인 감정을 가질 수 있습니다. 자신에게 소중한 가치를 훼손당하면 상처를 입으니까요.

이야기책과 지식 책을 대비시키지 않고 이야기책 안에서 폭을 넓혀 읽었다면, 그다음으로 지식 책을 읽혀볼 수 있습니다. 지식 책 읽기는 시간을 따로 내 이벤트처럼 해주세요. 토요일은 지식 책 보는 날, 혹은 한 달에 한 번은 지식 책 보는 날로 정해 가볍게 경험시키는 거예요. 그런 관점으로 접근하면 지식 책도 재미있다는 걸 아이가 느낄 수 있습니다.

이때 전집은 피해 주세요. 지식 책을 싫어하는 아이에게 전집을 권하는 건 당근을 안 좋아하는 아이에게 한 박스나 사다 주고 먹으라는 것과 같습니다. 그보다는 가끔 도서관에 가서 한두 권씩 빌려다 보는 것이 더 좋습니다. 또한 무조건 재밌는 지식 책을 골라야 합니다. 어른이 권유하는 형태의 독서를 할 때는 더욱 그렇죠. 그렇게 맛보기를 하듯 조금씩 접해도 충분합니다.

학습만화만 파고드는 아이

학습만화는 지금으로부터 약 20여 년 전에 출간되기 시작해 어린 독자들의 큰 사랑을 받고 있습니다. 주로 과학, 역사처럼 다소 어렵게 느껴지는 분야의 책이 주를 이루는데요. 학습의 목적을 가지다 보니 에듀테인먼트 만화라고 불리기도 합니다.

전문가에 따라 학습만화에 대한 의견은 다양합니다. 지식을 습득하기엔 그만한 것이 없다고도 하고, 글줄 책과 멀어지게 하는 요인이기 때문에 읽히지 말아야 한다는 정반대 의견도 있습니다. 그렇다 보니 부모님들의 고민이 깊어집니다. 어느 강연장에서나 이 질문이 가장 처음, 가장 많이 나옵니다. '아이가 학습만화만 파고드는데 괜찮을까요?'

그런데 이런 논의와 고민은 사실 무의미합니다. 학습만화를 접한 아이들은 초등학교를 마칠 때까지는 어떤 식으로든 찾아 읽을 것이고 그걸 막을 수는 없거든요. 학습만화가 주로 초등학생 대상이다 보니 중학교에 올라가면 자연스럽게 읽지 않게 되지만, 그때부터는 아예 책 자체를 읽지 않거나 다른 종류의 만화로 넘어가기도 합니다. 이런 현실을 명확히 인지하고 학습만화의 장단점을 잘 이해한 다음 적절한 지도를 해야 합니다.

우선 학습만화의 장점을 이야기해 볼게요. 학습만화는 많은 분이 아시는 것처럼 단편 지식 습득에 유용합니다. 과학이든 역사든 해당 분야에 쉽게 접근하도록 도와주고 흥미를 느끼게 해주죠. 아이들 입장에서 보면 학습만화 읽기는 휴식 그 자체입니다.

학습만화에는 매력적인 캐릭터, 짧은 문장, 다양한 의성어, 의태어가 반복 등장하기 때문에 책장을 획획 넘겨가면서 읽는 재미가 있습니다. 그래서 학습만화는 책을 안 읽는 아이들이 읽기를 시작하게 돕는 좋은 징검다리가 될 수 있습니다. 글자 자체를 부담스러워하는 아이에게도 짧은 문장과 짧은 컷으로 구성된 만화는 한눈에 들어오거든요.

그런데 문제도 이 지점에 있습니다. 컷의 반복, 재밌는 이미지, 짧은 문장은 독자로 하여금 생각의 여지를 주지 않습니다. 모든 걸 이미지와 짧은 문장으로 표현하다 보니 글줄 책에 있는 행간이 없는 것이죠. 책 읽기의 진짜 위력은 행간을 읽어가며 생각하는 힘을 키우는 데서 나오는데, 그것이 불가능한 독서가 바로 학습만화 읽기입니다.

이건 학습만화를 오래 접했을수록 글줄 책을 읽기 힘들어진다는 의미도 됩니다. 읽기 경험 자체가 부족하면 읽기 능력이 좀 떨어져 있을 가능성이 높거든요. 그렇지만 학습만화가 글줄 책 읽기를 방해하는 절대적인 요인은 아닙니다. 학습만화 읽기 외에 여러 흥밋거리들이 더해져 좀처럼 글줄 책을 읽지 않게 된단 말이 더 맞겠지요.

고학년의 경우 학습만화만 읽는다면 글줄 책을 읽지 못해서라기보다 싫어하는 읽기와 좋아하는 놀이 중 놀이를 택했다고 보는 것이 더 합당할 거예요. 글줄 책을 제법 읽는 아이도 학습만화를 놀이로 여기는 경우가 많습니다. 아이가 학습만화를 읽고 있을 땐 놀이터에서 놀거나 여행지에서 쉬는 중이라고 생각해 주세요.

그리고 그 상황을 글줄 책 읽기와 계속 연결 짓거나 대립시키지 말아주세요. 글줄 책에 대한 거부감만 커질 뿐입니다. 학습만화 한 권을 읽으면 글줄 책 한 권을 읽어야 한다며 직접적으로 결부시키는 것도 피해주세요. 이런 상황을 반복적으로 경험한 아이는 글줄 책은 놀이를 못하게 만드는 것이라는 생각을 갖게 됩니다.

자, 그럼 한번 접하면 막을 수 없는 학습만화 읽기를 어떻게 조절해야 할까요? 읽기 근육이 탄탄해서 글줄 책을 펼쳐 읽는 게 부담 없는 아이는 짧은 틈에도 글줄 책을 읽을 수 있지만 보통은 그렇지 못하겠죠. 아이 삶이 너무 여유롭지 못한 건 아닌지 살펴보고 조정해 주는 것이 가장 먼저 할 일이라고 생각합니다. 앞에서 학습만화 읽기는 독서라기보다 놀이라고 말씀드렸잖아요. 아이 삶에 놀이는 너무도 당연하며 필수입니다.

그렇다고 해도 마냥 놀게만 둘 수는 없겠죠. 적절한 선 안에서 할 필요가 있다는 말이죠. 학습만화를 부정적으로 보는 말이나 그만 읽으라는 말을 하기보단 시간제한을 정해 주세요. 하루 일과를 균형 있게 잘 마무리하기 위해서라도 말입니다.

그리고 이미 읽은 학습만화를 잘 활용할 방법도 생각해 보면 좋습니다. 역사 만화책을 읽었다면 관련된 글줄 책을 노출시켜 읽도록 도와주세요. 같은 내용이 만화와 글줄로 표현됐을 때 어떻게 다른지 스스로 느낄 수 있습니다. 역사 만화책을 좋아하는 아이라면 역사 지식이 적지 않을 거예요. 배경지식이 있기 때문에 글줄로 된 역사책도 호기심을 갖고 읽을 가능성이 높습니다. 과학 만화책도 마찬가지입니다.

학습만화 일기를 쓰게 도와주기도 해보세요. 어떤 책을 읽었는지, 가장 흥미로웠던 내용은 무엇인지, 배운 내용은 무엇인지, 이미 알던 내용은 무엇인지, 어렵거나 이해되지 않는 내용은 무엇인지, 아쉬운 점은 무엇인지, 표현된 단어 중에 좋지 않다고 생각하는 건 무엇인지, 쓰고 싶은 내용 2~3개를 골라 쓰다 보면 아이 나름대로 비판적인 시각이 생길 거예요. 일기라고 표현했지만 이게 독후감이 될 수 있습니다.

학습만화에 대한 퀴즈를 내서 자연스럽게 독서 활동을 유도하는 것도 좋습니다. 앞서 학습만화는 학습 지식 습득에 도움은 되나 사고력 증진에는 별 도움이 되지 않는다고 말씀드렸는데요. 이런 활동을 하면 학습 지식을 얻을 수 있다는 장점을 극대화할 수 있어요. 아이 스스로 퀴즈를 내보게 하는 것도 좋은 방법입니다.

학습만화 시간을 제한해도 글줄 책을 저절로 읽지는 않습니다. 글줄 책 읽기를 위한 노력은 따로 해야 합니다. 글줄 책은 익숙해져야 계속 읽을 수 있는 책이기 때문이죠. 글줄 책과 멀어진 시간만큼 글줄 책 읽기에 거부감이 있을 수 있습니다. 그럴 땐 징검다리 역할을 할 수 있는 그래픽 노블에 노출시켜 주세요.

그래픽 노블은 소설처럼 스토리가 길지만 만화 형태를 가진 장르로, 글줄 책보다는 접근이 쉬우면서도 학습만화보다는 훨씬 탄탄한 구성이라 징검다리용으로 좋습니다. 그래픽 노블을 잘 읽는다면 그다음에 할 일은 글줄 책 읽을 힘을 키워주는 거겠죠? 이건 다음 파트의 내용을 참고하여 차근차근 도와주세요.

📖 저학년이 읽을 만한 그래픽 노블

- 카르본, 《신비한 뮤직박스》, 한빛에듀, 2022
- 하라 유타카, 《쾌걸 조로리》, 을파소, 2010
- 레미 라이, 《집을 찾는 코끼리》, 비룡소, 2023
- 제로니모 스틸턴, 《제로니모의 환상 모험》, 사파리, 2021

✦

지식 책을 고집하는 아이

지식 책만 읽는 아이들도 있습니다. 경험상 남자 아이들이 많았습니다. 주로 곤충, 자동차, 공룡, 우주, 별 등 한 가지 분야를 집중적으로 파고듭니다. 이 아이들은 그야말로 책을 탐독하듯이 한껏 몰입해 보고 또 봅니다. 외울 정도로 읽기도 하고 더 새로운 내용을 알고 싶어 관련 책을 찾아달라고 부모님께 부탁하기도 합니다.

이런 아이들은 가만 보면 갖고 있는 책 종류도 남다릅니다. 한 분야에 지대한 관심이 있다 보니 호기심 충족을 위해 관련 책을 계속 찾게 되는 거지요. 찾고 찾다가 외국어를 모르는데도 외국 책을 읽기도 하고요. 초등학교 1학년 전후의 나이인데 어른 책을 보기도 합니다. 완전히 이해되지는 않아도, 아이들 책에선 찾을 수 없는 내용이 나오니 보는 것이죠.

전에 한 학부모님이 아이가 비행기에만 빠져서 걱정이라며 집에 소장한 책 사진을 보여주셨는데 정말 구하기 힘든 책들이 다 모여 있었습니다. 그런데도 아이가 책이 부족하다고 하여 더 이상 어떻게 구해야 할지 난감해하셨지요.

지식 책만 본다는 것, 그중에서도 한두 가지 영역에 빠져 읽고 또 읽는다는 것은 한편으론 반가운 일입니다. 자신이 무엇을 좋아하는지 명확히 안다는 것이고, 호기심 충족을 위해서 책을 읽고 또 읽다 보면 어느새 준전문가 수준 지식을 쌓게 돼 탄탄한 자기 영역을 확보할 수 있기 때문입니다. 무엇보다 이런 아이들을 잘 관찰해 보면 탐구심도 대단해 관심이 다른 쪽으로 전환되거나 확장돼 또다시 그것에 파고들 힘이 있습니다.

자기만의 지식 세계를 구축하는 법을 안다는 것인데 매우 큰 장점입니다. 특히나 지금처럼 어떤 직업을 갖느냐보다 빠르게 배우고 적응하는 능력이 중요한 시대에는 더욱 장점이 되겠죠. 책만 본다기보다 직접 관찰하고 체험하는 것을 좋아하는 경우도 많은데 이 또한 자기 발전을 하는 데 있어 도움이 되니 장점이라 할 수 있지요. 다만 이랬던 아이가 고학년이 되기 전후로 책을 점점 읽지 않는다며 고민을 이야기하시는 경우가 있습니다. 책에 파고들던 아이가 어느 순간 읽지 않으니 걱정이 되실 수밖에 없을 거예요. 이유를 몰라 답답기도 할 거고요. 그런데 사실 갑자기 안 읽게 된 것이 아닙니다.

이런 아이들이 파고드는 지식 책을 잘 보면 대체로 이미지 중심

책입니다. 커다란 이미지가 이어지는 구성이 특징이고요. 글자는 작은 박스 정도에 실렸거나 이미지 사이사이 몇 문장만이 따로 있습니다. 그런 책은 엄밀히 말하면 읽었다기보다는 봤다는 표현이 적합합니다. 이미지를 자세히 보는 데 집중하게 되니까요. 이미지를 보다 궁금한 게 있으면 그 옆 글자들을 추가로 보는 식으로요.

우리가 보통 책을 읽는다고 말할 때는 글줄을 읽는 것을 말합니다. 단순히 몇 문장이 아니라 하나의 핵심을 가지고 길게 이어진 책 한 권을 읽는 것, 이것이 독서이고 이런 독서를 했을 때 읽기 실력과 사고력도 성장합니다. 지식 책을 파고들었던 아이들은 이런 독서를 한 것이 아니기에 글줄을 읽는 힘은 성장하지 않았을 가능성이 있습니다.

고학년이 되면서 과업이 많아지고 세상을 알게 되면서 지식 책 읽기를 멈추는 아이들을 꽤 보아왔습니다. 잘 읽다가 안 읽는 것이라고 오해하지 말고, 미리 글이 중심이 된 글줄 책도 읽을 수 있도록 도와주셔야 합니다.

지식 책 중심 독서를 하는 아이들은 글줄 책을 거부할 가능성이 많기 때문에 글만 가득한 책을 바로 권하기보다는 보기도 겸해서 할 수 있는 책을 찾아주면 좋습니다. 글줄 중심이지만 이미지와 삽화가 좀 많은 책이라고 해야 할까요? 이야기책이라면 삽화가 비교적 크고 컬러풀한 것, 지식 책이라면 기존에 보던 것보다는 글이 좀 더 있는 것을 찾아주는 것이죠.

아이가 파고든 책과 소재는 같지만 분야가 다른 책을 찾아주시는 것도 좋습니다. 만약 비행기를 좋아한다면 비행기를 소재로 한 다양한 책을 찾아주는 것입니다. 이를 위해 비행기 연관 단어인 비행사, 파일럿, 우주 비행사, 헬리콥터, 글라이더 등의 단어를 떠올려 온라인서점에 검색해볼 수 있고, 상위 개념인 교통수단으로 찾아볼 수도 있겠네요.

소재는 같아도 역사, 창작, 과학, 인물, 직업 등 다양한 분야의 책을 읽다 보면 내용이 연계되기도 하고 생각하지 못했던 내용이 나와 관심 영역이 확장될 수 있습니다. 비행기 구조만 파고들던 아이가 비행사 이야기를 접하고 생각보다 읽을 만하다고 생각할 수도 있습니다.

보통 한 분야 지식 책을 파고드는 아이는 당장 호기심을 충족해주는 책이 아니면 잘 보지 않으려 할 가능성이 높습니다. 그럴 때는 차라리 읽어주세요. 그래야 글줄 책 독서가 시작되고, 또 유지될 수 있습니다. 지식 책만 파고드는 아이의 특성을 잘 이해해서 제가 안내한 대로 도와주신다면, 보는 독서에서 읽는 독서로 성장할 수 있을 것입니다.

PART 2.

책 좋아하는 아이로
만드는 법

3장.

놀이처럼 일상에서
책과 만나기

다시, 읽기를 말하는 이유

독서는 저절로 되는 것이 아닙니다. 읽기라는 기능을 익혀야 시작됩니다. 축구로 예를 들면 드리블 기술을 포함해 공 다루는 기술이 있어야 축구라는 스포츠를 즐길 수 있는 것과 같습니다. 그런데 이게 반드시 일방적인 관계는 아닙니다. 읽기 기초가 있어야 독서가 시작되긴 하지만, 그때부터는 독서를 반복해야 읽기 기술이 발전하기 때문입니다.

그런데 안타깝게도 보통 글자 교육까지는 기본이라고 생각해 어떻게든 도우려 하지만, 정말 중요한 독서부터는 아이에게 맡기고 알아서 하기를 원하는 경향이 있습니다. 흔히 독서를 안 한다는 표현을 하며 그것이 문제라고 생각하시는 것만 봐도 알 수 있지요.

독서는 원래 안 하는 것이 기본 값이고 지극히 정상입니다. 우리가 체육 시간에 공을 다루는 법을 배웠다고 해서 누구나 축구를 즐겨 하지는 않는 것처럼, 독서도 읽기를 넘어선 또 다른 노력의 영역이기 때문입니다. 꾸준히 책을 읽혀야 읽는 글의 수준이 높아지고, 생각이 성숙해지는 것은 물론 건강한 삶도 기대할 수 있습니다.

그럼 어떡해야 독서의 세계로 이끌 수 있을까요? 자발적으로 책을 읽게 하려면 무얼 도와줘야 할까요? 첫째, 읽는 것이 의미 있고 가치 있는 일이라는 사실을 스스로 인식하게 하는 것, 둘째, 아이가 잘 읽는 사람이라는 믿음과 자신감을 갖게 하는 것, 셋째, 타인과의 독서 소통을 꾸준히 하게 하는 것, 이 세 가지가 조화롭게 이뤄져야 독서를 유지할 수 있습니다.

이제부터 한 가지씩 찬찬히 살펴보겠습니다. 독서가 유지되는 가장 큰 요건은 독서를 가치 있고 의미 있는 일이라고 스스로 강하게 느끼는 겁니다. 삶이 바쁘더라도 이런 신념이 있는 사람은 어떻게든 자기 시간을 내어 읽으려고 노력하게 되지요. 이제 막 글을 읽기 시작한 초등 1학년 아이들에게 어떻게 이런 신념을 갖게 할까요?

생각보다 간단합니다. 책이 그 어떤 것과도 견줄 수 없는 강한 지적, 정서적 자극을 주는 매개체라는 것을 알게 하면 됩니다. 그러기 위해서는 어떻게든 재밌게 읽고 이해할 수 있는 책을 권해주는 일이 저학년 내내 필요합니다. 부모가 할 일은 아이가 재밌어 할 만한 책을 찾아 꾸준히 권하고 함께 읽는 것뿐이죠. 매일 식사를 챙겨주는 것과 같다고 보면 됩니다.

독서를 유지하는 두 번째 요건인 자신이 잘 읽는 사람이라는 믿음은 어떻게 갖게 할까요? 이는 성공적으로 책 한 권을 읽어본 경험이 쌓여야 가능합니다. 책을 성공적으로 읽는다는 것을 너무 어렵게 생각할 필요는 없습니다. 아이가 정말 재밌는 책을 몰입해서 혼자 끝까지 읽고 덮었을 때의 행복감과 성취감을 반복적으로 느껴보는 것입니다.

실제로 읽기 기능이 미숙한 아이들은 책을 펼치는 것 자체를 부담스러워합니다. 자기가 못 읽는 사람이라고 느낄 만한 경험이 분명 있었기 때문이지요. 그래서 아이 스스로 읽을 만한 책을 지속적으로 읽히며 읽기를 배운다는 느낌이 아니라 이야기에 몰입된다는 느낌을 반복적으로 경험하게 해줘야 합니다.

마지막 요건으로 말씀드린 다른 사람과 책으로 소통하는 것은 왜 필요할까요? 가만 생각해 보세요. 주변 사람들 아무도 하지 않는 일을 혼자서만 유지하는 일이 쉬울까요? 혹은 읽은 책에 대해 나눌 사람이 없다면 독서의 재미나 의미를 확장시키는 일에도 한계가 있지 않을까요? 혼자 축구하는 일이 가능하지 않다는 개념으로 생각하면 이해가 쉬우실 거예요.

여러 연구 결과에서 청소년들이 책을 읽지 않는 이유에 책을 읽는 또래가 많지 않아서라는 답변이 있었습니다. 독서는 홀로 하는 외로운 행위라서 어느새 골방으로 숨어들어 책을 읽다 멈추게 되는데요. 이를 해결할 방법은 사실상 가족이 함께 독서하는 것밖에는 없습니다. 독서논술 학원에서 또래와 토론을 할 수도 있지만, 그보다 더 중요한 독자 라이프를 함께 즐기는 것까지 함께할 수 있는 존재는 가족이니까요.

이 세 가지만 기억한다면 계속 읽는 아이로 자라날 수 있습니다. 읽지 않는 아이에게 읽으라는 잔소리나 읽기의 중요성에 대해 설파하는 것만큼 쓸모없는 일도 없지요. 읽지 않고는 못 배기는, 다시 말해 읽는 것이 삶의 한 부분이 되는, 그런 일상을 저학년 때 만들어주는 것만이 최선입니다.

사실 안 읽는 고학년이 다수이고, 읽는 고학년들도 학원에 다니며 필독서만 겨우 읽는 실정입니다. 이 안타까운 현실이 반복되지 않기를 바라고, 단 한 아이라도 비독자의 길로 가지 않기를 바라며, 많은 부모가 독서에서 중요한 이 세 가지를 꼭 기억하고 도와주셨으면 하는 바람에서 이제부터 근본적으로 읽기의 기반을 다지는 법을 안내하겠습니다.

듣고 말할 줄 알아야 읽는다

사람은 누구나 특정한 환경 안에서 살아갑니다. 아이들도 부모라는 배경과 부모가 만들어 둔 환경 안에서 자신을 만들어가지요. 부모의 직업, 나이, 집을 나서면 보이는 주변 환경, 사는 지역, 태어난 나라까지 모든 것이 환경입니다. 환경의 의미가 이렇게 매우 넓은데요. 저는 그중 읽기의 시작이자 기반이 되는 언어 환경부터 이야기하려고 합니다.

듣기, 말하기, 읽기, 쓰기 교육을 합쳐 언어 교육이라고 합니다. 4가지가 조화를 이루면서 발전해야 언어 능력이 키워지지요. 읽기, 쓰기는 글자 교육과 함께 시작됩니다. 그리고 그 이전에는 듣기, 말하기로 읽기, 쓰기의 기초를 마련합니다. 보통 읽기 교육을 글자 교육이 시작되고 나서 해야 한다고 생각하기 쉽지만 사실상 훨씬 이전부터 읽기가 시작되지요.

듣기

듣기, 말하기 중에서 우선 듣기 능력에 대해 설명하고자 합니다. 듣기 능력은 청해 능력이라고도 합니다. 말을 듣고 뜻을 이해하는 것을 '청해'라고 하며, 이걸 할 줄 아는 것을 청해 능력이라고 하는데요. 보통은 의학적 문제가 있는 것이 아니라면 듣기 능력은 저절로 얻게 되는 것이라는 오해도 있지만 그렇지 않습니다.

듣기를 한다는 건 주변 소리를 수동적으로 수용하는 것이 아니라 선별해서 듣고 잘 판단해 그에 맞는 상호작용, 즉 말하기나 관련 행동을 한다는 걸 의미합니다. "우와, 나비다"라는 어른의 말을 듣고 자기도 모르게 하늘을 바라보거나 "밥 먹을까?"라는 말에 "네"라고 대답하는 것처럼 말이지요.

글자 습득 이전의 듣기 능력을 이야기하다 보니 매우 단순한 예를 들었지만 실생활에서는 훨씬 많은 음성 언어 자극이 주어지겠지요. 그럴 때마다 음성 언어로 전달된 정보를 처리해 나름의 말과 행동, 내지는 생각을 해야 할 거고요.

말하기

다음으로 말하기를 살펴볼까요. 말하기는 듣기와 직접적으로 연결돼 있습니다. 우리가 매일 하는 대화를 생각해 보세요. 대화는 소리의 상호작용이며 듣기와 말하기의 반복입니다. 여기서 언급된 말하기는 자신 있고 멋지게 하는 말하기가 아니라 자신의 의사, 생각, 마음을 정확한 언어를 구사해 표현하는 것을 뜻합니다.

말하기 능력 또한 글자 교육 이전부터 잘 발달시켜야 할 한 가지 요소입니다. 듣기는 태어나자마자 주변 소리를 들으며 자연스럽게 시작되지만 말하는 능력은 듣기가 가능해야 발전합니다. 생각보다 노력이 필요한 일이지요. 듣기, 말하기는 상호보완적으로 발달합니다. 잘 들어야 잘 말할 수 있고, 잘 말해야 듣기 능력도 커지는 것이죠.

듣기, 말하기 능력을 끌어올리는 방법

그럼, 듣기와 말하기를 동시에 발전시키려면 어떻게 하면 좋을까요? 가장 중요하고 기본이 되는 것은 다양한 소리에 노출시켜주는 거예요. 동화 듣기, 동요 듣기, 부모님과 다른 어른들의 목소리, 자연의 소리, 읽어주는 책 듣기 등 세상의 다양한 소리를 들려주는 것입니다. 다양한 소리 자극이 아이를 세상에 반응하게 하고 움직이고 생각하게 합니다.

대화할 때는 항상 온전한 문장을 말할 수 있게 도와주세요. 아이가 "엄마, 화장실"이라고 말하면 "엄마, 화장실 가고 싶어요"라고 말하도록 도와주시는 거예요. 부모 역시 대화할 때 간단한 단어, 지시어, 대명사 등을 사용하기보다 최대한 정확한 단어를 사용해 온전한 문장으로 말해 주세요. 그래야 아이의 언어 능력이 키워지고, 대화의 기본도 배울 수 있습니다.

일부러 다양한 지시에 따르도록 해보는 것도 좋습니다. 아이에게 많은 과업을 주라는 뜻은 아니고요. 행동을 대신 해주기보다 정확한 문장으로 구사해 아이가 행동할 수 있게 이끌어달라는 뜻입니다. 그래야 앞서 이야기한 대로 들은 말을 어떻게 잘 처리해야 하는지를 배울 수 있습니다. "냉장고에서 물 꺼내 먹고 컵은 싱크대에 넣어. 그리고 같이 책 읽자"처럼 좀 복잡한 지시를 주는 것도 언어력을 높이는 좋은 방법입니다.

말 이어가기 놀이도 해보세요. '시장에 가면~' 놀이 아시나요? "시장에 가면 오이도 있고"라고 한 사람이 말하면 다음 사람이 "시장에 가면 오이도 있고, 사과도 있고" 이런 식으로 말을 이어 가는 놀이입니다. 앞사람 말을 잘 들어야 놀이를 이어갈 수 있고, 점점 복잡해진 내용을 기억하기 위해 애쓰는 동안 듣기 능력도 저절로 향상됩니다. 노래하면서 말을 잇는 거라 듣기, 말하기 훈련이라는 느낌 없이 재밌게 할 수 있다는 장점이 있습니다.

지식 그림책을 읽어주며 듣기로 지식을 습득할 수 있다는 것도 알려주세요. 초등학교 생활 대부분은 듣기와 말하기, 읽기, 쓰기의 반복입니다. 듣는 능력이 있어야 선생님이 하는 말을 이해하고 습득하는데 듣기 능력이 부족하면 집중할 수가 없지요.

게다가 듣기가 잘 돼야 말하기, 쓰기도 할 수 있는데 잘 듣지 못하다 보니 말하고 쓰는 데 문제가 생깁니다. 그런데 지식 그림책을 귀로 읽어온 아이에게는 주의 깊게 듣는 힘이 있습니다. 듣기 능력

향상을 위해 같은 책을 반복해 읽어주면 더 좋습니다. 이 책의 부록에 지식 그림책을 분야별로 추천했으니 참고해 주세요.

✦

글자와 친해지는 게 우선이다

글자 교육 이전에 통으로 글자를 인식하게 해야 합니다. 우리 주변에서 볼 수 있는 다양한 글자를 덩어리 형태로 익히게 도와줘야 한다는 것이죠. 자세히 말하면 글자를 익힌다기보다 그것이 글자라는 것, 그리고 우리 주변엔 그런 글자가 많다는 것, 그것 각각은 의미가 있고 그 의미를 이해하는 일이 일상을 영위하는 데 도움이 된다는 걸 인지시키는 것입니다.

그래야 글을 읽는 일이 삶에서 중요하다는 걸 자연스럽게 인식할 수 있습니다. 이것이 읽기 교육의 든든한 기반이 되고요. 글자는 어디에 있을까요? 사실 어디에나 있죠. 거실에 앉아 쭉 둘러보세요. 책장에 꽂힌 책 제목, 붙여둔 단어 카드, 전자기기에 쓰인 글자 등이 보일 거예요. 밖으로 나가도 마찬가지입니다. 나가는 순간 아파트 이름, 상가 이름 등 온통 글자들입니다. 이렇게 일상에서 만난 글자들은 로고 형태로 디자인된 경우가 많습니다. 글자를 모르는 아이 입장에서도 한눈에 알아보기 쉽고 기억하기도 쉽습니다.

예를 들어 '꼬깔콘, 네네치킨, 불닭볶음면' 로고를 머릿속에 떠올려 보세요. 이미지화된 글자이기 때문에 듣는 순간 어떤 이미지가 그려질 거예요. 글자를 모르는 아이도 이미지 자체를 기억하며 '여기 네네 치킨집이 있네'라고 말할 수 있습니다. 종이에 인쇄된 활자를 만나기 전에 이 경험을 자주 해봐야 글자와 친숙해집니다.

네네치킨 집을 발견한 아이가 '엄마, 네네치킨 집이에요. 우리 들어가서 치킨 먹어요'라고 말한다면 읽기 연습이 이미 시작된 거예요. 이미지를 읽었지만 글을 읽고 이해했으며, 그 이해를 바탕으로 어떤 행동을 한 것이니까요. 글자를 배우고 글을 읽는 이유가 이렇게 일상생활을 영위하기 위해서라는 것을 떠올린다면 이해가 되시겠죠.

이미지로 글자를 읽고 어떤 행위를 해보는 일을 반복하면 자연스럽게 글자 읽기가 삶에서 필요하다는 걸 아이 스스로 깨닫게 돼요. 이것이 종이 위의 글자를 읽는 읽기로 자연스럽게 연결됩니다.

쌓인 어휘만큼 읽고 이해한다

A4 한 장 분량의 글이 있다고 가정해 보겠습니다. 만약 글 안에 사용된 어휘 중 15개 이상 어휘가 모르는 어휘라면, 글을 이해할 수 있을까요? 당연히 이해할 수 없을 거예요. 글을 읽고 이해하는 능력은 어휘에 대한 이해가 있어야 생깁니다. 너무 당연한 이야기지만, 많이 간과하는 부분입니다.

글을 읽을 때 우리는 끊임없이 어휘를 만납니다. 그 어휘를 보는 순간 자신의 경험, 배경지식과 어휘 지식이 활성화돼 어휘의 의미를 이해합니다. 그 이해를 바탕으로 한 문장씩 이해하고, 나아가 글 전체 내용을 이해할 수 있습니다. 만약 이해하지 못하는 어휘를 만나면 앞뒤 내용을 통해 추론하려고 애쓰기도 합니다. 그런데 이해하지 못하는 어휘가 너무 많으면 추론도 불가능해집니다. 그러므로 결국 읽기를 잘하려면 저장된 어휘가 많아야 합니다.

책을 읽으면 어휘가 늘어나기도 하지만 읽기 전에 다양한 구어 활동을 통해 저장된 어휘를 늘려야 합니다. 이를 위해서 가장 중요한 것은 아이와 대화할 때 일부러 쉬운 단어를 쓰려고 애쓰기보다 편안하게 떠오르는 대로 말하는 거예요. 유아어가 필요한 순간들도 있지만 매번 쉬운 어휘만 쓸 필요는 없습니다. 어느 정도는 어른들이 사용하는 일상 어휘를 사용해 대화를 나누세요. 그래야 아이가 다양한 어휘를 저장하게 됩니다.

또 아이와 부모가 같은 취미활동을 할 때도 어휘가 증가합니다. 의견을 나누는 대화는 짧게 끝날 가능성이 있죠. 그런데 서로 좋아하는 활동을 함께하고 대화를 나누면 보다 적극적인 대화가 가능합니다. 좋아하는 활동이다 보니 서로의 말에 주의를 기울여 듣게 되고, 그러니 어휘 습득이 빠를 수밖에 없습니다.

주말마다 뒷산에 오르는 일이 취미인 가족이 있다고 해볼게요. 부모가 "와, 오늘은 좀 산이 가파르게 느껴진다"라고 말하면 가파르다는 어휘를 처음 들은 아이가 가파르다는 게 뭔지 물어볼 거예요. 그럼 "산이 좀 많이 기울어진 것처럼 느껴지는 거야. 같은 길인데 왜 오늘 그렇게 느껴지는지 모르겠어"처럼 자연스럽게 대화가 이어집니다. 상황 속에서 특정 어휘를 익히기 때문에 사전을 보고 배우는 것보다 훨씬 쉽게 어휘가 습득돼요.

그림책 속 어휘를 활용하는 것도 방법입니다. 그림책엔 정말 아름다운 어휘가 많습니다. 그림책에 쓰인 어휘 하나하나를 찬찬히 살펴보면 다양한 어휘가 있습니다. 아이와 아름답고 멋진 어휘, 고급 어휘, 일상에서 사용해보고 싶은 어휘를 찾아보세요. 그리고 종이를 카드 형태로 잘라 거기 어휘를 적어 보세요.

이때 구체어, 추상어를 골고루 찾아 쓰는 것이 좋아요. 강아지, 하늘, 엄마, 구두처럼 실제적인 것을 가리키는 구체어와 사랑, 인내, 평화, 자유, 열정처럼 관념적이고 개념적인 추상어를 적절히 배분합니다. 이렇게 만든 종이 카드를 집 안에 붙여두면 더 좋습니다. 메모보드가 있다면 거기 그냥 메모해 둬도 좋습니다. 어쨌든 오며 가며 보고 활용하기 좋겠지요.

이렇게 붙여 두면 인내라는 단어의 의미를 당장 모른다고 해도 인내라는 글자를 경험하게 되죠. 추상어는 눈에 보이지 않는 다소 어려운 개념이라 구체어에 비해 늦게 발달하는데요. 그 단어를 이해하기 위한 경험이 아주 어릴 때부터 삶에 차곡차곡 쌓이는 것입니다. 그래서 구체어, 추상어를 골고루 써두면 유용하고요. 써둔 어휘를 일상에서 자주 사용하는 모습을 보여주면 더 좋습니다.

어휘력을 키운다는 건 이해 어휘와 사용 어휘를 동시에 늘린다는 의미인데요. 직접 사용은 못해도 어디선가 들었거나 독서를 통해 습득해 대강의 의미를 알고 있는 어휘를 이해 어휘, 말하기, 글쓰기를 할 때 자연스럽게 사용하는 어휘는 사용 어휘라고 합니다. 어휘를 안다고 해서 모두 사용하지는 않기 때문에 사용 어휘는 보통 이해 어휘의 3분의 1 정도입니다.

읽기를 지속하면 이해 어휘, 사용 어휘는 자연스럽게 늘어납니다. 그런데 의도적인 노력을 더하면 어휘 발달이 촉진될 수 있습니다. 그 방법은 평소와 다른 새로운 상황을 계속 마주하는 거예요. 예를 들어 여행을 간다거나 평소 만나던 사람이 아닌 사람을 만난다거나 책을 읽고 독서 토론을 하는 식으로요.

그런데 아이가 매번 새로운 경험을 하긴 쉽지 않죠. 그럴 때 좋은 것이 글쓰기입니다. 글을 쓰다 보면 자신의 경험이나 생각을 표현하기 위해서 자기 안에 있는 어휘를 최대한 끌어내려고 애쓰게 되거든요. 저도 글을 쓸 때는 내가 이런 표현을 알고 있었나 싶을 만큼 평소 안 쓰던 어휘를 불쑥 꺼내 쓰기도 합니다. 아이들에게 한 줄, 두 줄 정도의 간단한 글을 쓰게 하면, 어휘 발달이 가속화될 수 있습니다.

이를 막연하게 느낄 분들을 위해 초등 1학년이 평소 접해봤을 어휘 150개를 정리했습니다. 표에 등장하는 어휘는 《등급별 국어 교육용 어휘》에 수록된 것입니다. 김광해 선생이 우리나라에 공식화된 어휘 등급이 없는 걸 아쉬워하며, 학년별 기초 어휘를 정리했습니다. 이에 따르면 취학 전에는 1,675개, 1~2학년에는 5,738개, 3~4학년에는 13,474개, 5~6학년에는 22,227개 어휘가 누적돼야 한다고 해요.

저 책에는 초등학교 입학 전에 쓸 만한 1등급 어휘로 무려 1,845개나 제시됐는데요. 제가 그중에서 1학년 아이가 들어보았을 어휘, 알고 있을 어휘만 따로 정리했어요. 그래야 실제 사용 어휘로 바꿀 수 있기 때문입니다. 어려운 어휘로는 글쓰기는커녕 어휘를 넣어 한 문장 쓰기도 쉽지 않거든요. 제가 정리한 150개 어휘로 아이와 하루 한 문장 만들기를 해보세요.

이게 된다면 어휘 2개를 넣어서 해보고, 3개를 넣어서 해봐도 좋습니다. 만약 문장 말하기, 쓰기를 어려워한다면 생각을 활성화할 수 있도록 질문해 주세요. 예를 들어 '가깝다'는 어휘라면 "우리 집에서 가장 가까운 마트는 어디지?" 이런 식으로요. 그럼 머릿속에 경험이 활성화돼 문장 만들어 쓰기가 수월해집니다.

초등 입학 전 기초 어휘 150

가깝다	가끔	가난하다	가능하다	가리키다
가볍다	가을	간단하다	감기	갑자기
강하다	갖다	걱정	건강	걷다
걸음	견디다	결과	계절	고르다
곡식	골짜기	곱다	공항	과거
관심	굉장히	구경하다	귀하다	그물
긋다	기억	기회	깊다	까닭
껍질	꾸미다	나누다	나서다	날개
낡다	남기다	냄새	노력	농부
농사	늙다	능력	다음	닫다
달력	닮다	당시	대단하다	대신
대화	더욱	도대체	두드리다	드디어
들리다	따라서	떠오르다	뜯다	라디오

마르다	마지막	마침	만약	맑다
맺다	먼지	모으다	몹시	묻다
미지근하다	바꾸다	반대하다	방문	버릇
보람	보통	부족하다	분위기	비로소
사납다	사용하다	상인	상황	생략
설명	세상	소개	솟다	시작
시절	아직	아무리	얻다	온갖
올해	요즘	육지	의견	이용하다
이해하다	일생	잊어버리다	장소	저녁
젊다	정류장	주말	지나치다	지붕
집단	찬성하다	켜다	통일	편리하다
피곤하다	항구	환자	훌륭하다	힘들다

그림책 읽은 아이만이 얻는 것

이 장의 처음에 말씀드린 대로 읽는 능력은 듣기, 말하기에서부터 시작됩니다. 우리나라는 글자 교육을 너무 종이 위 텍스트 읽기에 치중하는 경향이 있는데요. 폭넓게 보고 다양한 측면을 도와주면 좋겠습니다. 이를 위한 가장 좋은 방법은 바로 그림책 읽기입니다. 그림책 읽기는 지금까지 설명한 내용을 총체적으로 활용하는 활동입니다.

그림책을 함께 읽다 보면 듣기와 말하기가 잘 융합된 구어 활동을 하게 되고요. 그림책에 등장하는 다양한 폰트의 글자들을 읽다 보면 환경 글자를 익히는 효과를 얻을 수 있습니다. 다양한 그림책을 읽어 주면 저장 어휘가 자연스럽게 확장되고, 그림책 내용에 대해 이야기 나누다 보면 이해 어휘가 사용 어휘로 바뀌는 경험도 생깁니다. 이처럼 그림책 읽기는 독서 경험의 시작을 도와줍니다.

또한 그림책을 읽으면 구어가 아닌 문어에도 익숙해집니다. 일상에서는 구어로 소통하지만 결국 책을 읽으려면 문어에 익숙해져야 하지요. 어린 아이들 대상 그림책일수록 구어체로 표현한 경우가 많은데요. 계속 읽다 보면 문어체로 된 그림책도 만날 수밖에 없고 만나야 합니다. 문어체에도 익숙해질 수 있게요.

글자를 습득하고 유창하게 읽는 단계를 거쳐 혼자 읽는 단계, 문고판을 읽기 시작하는 단계에서 만나는 책 대부분은 문어체로 돼 있어요. 그런데 문어체가 낯설어 읽기 속도가 느려지거나 읽기를 주저하는 경우가 있습니다. 혼자 읽어나가면서 익숙해져야 하는데, 이전에 문어체로 된 책을 많이 읽었다면 좀 더 수월하게 이 과정을 넘길 수 있습니다.

문어체에 익숙해지면 나중에 글쓰기도 잘합니다. 1학년 전후의 아이는 보통 일기나 생활 글을 입말 투로 씁니다. '학교에 갔어요. 급식이 맛있었어요.' 이런 식으로요. 그런데 점차 문어체 글쓰기로 넘어가야 해요. '맛있는 학교 급식을 먹으니 하루 종일 기분이 좋아 날아다닐 것 같았다'라고 써야 의미를 더 잘 담을 수 있고, 효과적으로 소통할 수 있기 때문입니다.

그림책은 왠지 1학년이 넘어가면 인사 나누고 헤어져야 할 것 같은 느낌이 든다는 분들이 있습니다. 그러나 그림책 읽기는 아무리 많이 해도 나쁘지 않습니다. 글자가 제법 많은 책을 읽기 시작했다고 멈춰야 하는 책도 아닙니다. 초등 시절 내내, 아니 그 이후로도 계속 만나야 하는 책입니다.

우리 아이는 그림책을 읽는데 옆집 아이는 글자가 많은 책을 술술 읽는 모습을 보면 조바심나기 쉽습니다. 하지만 그림책 속의 다채로운 그림은 아이 마음에 남아 무한한 상상을 하게 합니다. 이런 경험은 마음속에 직접 이미지를 그려가며 읽어야 하는 책을 읽을 때 조력자 역할을 합니다. 그림책은 그림으로 서사를 이해해야 하는 책이기 때문에 펼치자마자 자연스럽게 그림에 숨은 의미 등을 이해하려고 애쓰게 되는데, 이때 길러진 힘은 글을 읽고 이해하는 데 상당한 도움이 됩니다.

그림책은 매우 선명한 이미지를 제공합니다. 등장인물의 모습, 표정, 상황을 모두 그림으로 표현해 둡니다. 어린 독자들은 그림을 세밀히 보면서 상황을 이해하고, 추론합니다. 그림을 해독하는 힘, 그림을 보고 숨겨진 의미를 추론하는 힘은 이야기책 읽기를 할 때 꼭 필요한 힘입니다. 이건 그림책 읽은 아이만이 얻을 수 있는 특별한 능력입니다.

물론 아직 글자 습득이 완전하지 않은 상태에서 그림책을 볼 때는 소리 내 이야기를 만들어 보는 것이 좋습니다. 이미지를 보고 이야기를 만들려면 그림에 나타난 상황을 잘 이해해야 하고, 상황에 어울리는 어휘를 골라 문장으로 구사해야 합니다. 그 과정을 반복하다 보면 자연스럽게 언어력이 상승합니다. 그림책은 그림이 서사를 이끌어 가므로 그림 하나하나를 유심히 보며 이야기를 눈으로만 봐도 좋지만, 이렇게 보면 금세 읽는 아이로 성장합니다. 그림을 한 페이지씩 나눠 엄마랑 아이가 번갈아가며 이야기를 만들어봐도 좋습니다. 이를 위해 글자 없는 그림책 몇 권을 추천하니 참고해 주세요.

📖 **책과 친해지게 해주는 그림책**
- 레오 티머스, 《도로 위의 꼬마 원숭이》, 봄이아트북스, 2023
- 브룩 보인턴-휴즈, 《용감한 몰리》, 나는별, 2021
- 이수지, 《파도야 놀자》, 비룡소, 2009
- 알리 미트구치, 《와글와글 신나는 놀이터》, 베어켓, 2015
- 레이먼드 브릭스, 《눈사람 아저씨 》, 마루벌, 1997
- 김지현, 《지난 여름》, 웅진주니어, 2017

4장.

기초가 없으면
독서가 괴롭고 힘들다

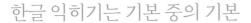

한글 익히기는 기본 중의 기본

듣기, 말하기로 풍성한 일상 대화를 하고, 그림책 읽기에 익숙해졌다면 본격적으로 한글을 습득해야겠죠. 한글을 가르치는 방식에 대해서는 학계에서도 여러 논의가 있습니다. 우선 말의 가장 기본 단위인 자음과 모음의 모양, 발음법부터 가르쳐야 한다는 주장이 있고요. 아이들에게 익숙한 낱말, 문장을 읽히며 소리와 글자의 관계를 가르친 뒤에 자음, 모음을 가르쳐야 한다는 주장이 있습니다.

전자는 훈련식이 돼서 다소 지루할 수 있고, 후자는 언어가 결국 의미를 담는다는 관점에서 접근하는 방식인데 읽기 능력 저하의 원인이 될 수 있다는 의견이 나오면서 두 가지의 장점만을 적절히 취해 병행해야 한다는 의견도 있습니다.

어떤 방식으로 가르치든 가장 중요한 것은 한글을 배우는 과정으로 인해 아이들이 글자에 대한 거부감을 가지게 해서는 안 된다는 것입니다. 힘들게 한글을 습득한 아이들은 안타깝게도 이 단계에서 이미 글자에 대한 거부감이 생겨 그것이 독서 거부나 읽기 부진으로 이어지기도 하거든요.

참 어려운 일이지만 글자에 대한 거부감을 주지 않으면서도 한글 습득을 정확히 하게 하는 것이 중요합니다. 한글을 정확히 가르친다는 것은 자음, 모음, 쌍자음, 이중 모음 등의 소리 값을 명확히 알게 하고, 이것들을 조합해 읽어낼 줄 알게 하며, 강아지 같은 한 음절 이상 단어를 정확히 읽게 하고, 나아가 미료강처럼 무의미하게 나열된 단어까지도 정확히 읽게 하는 것을 의미합니다. 이게 안 되는데 책을 읽힌다는 건 어불성설이죠.

저는 2022년 《바른 글씨 마음 글씨》란 글씨 연습 교재를 출간했는데요. 이 교재는 단순히 글씨 연습만을 목적으로 쓴 것은 아닙니다. 고학년이 돼도 이중모음이나 받침, 겹받침 등이 들어간 글자의 맞춤법을 많이 틀리는 아이들이 점점 늘어나는 것을 보며, 이 아이들이 자모음자 이름부터 정확히 알았으면 하는 마음도 있었습니다.

지금 아이가 글자를 이미 습득했다고 해도 한글 자모음자의 소리 값을 정확히 읽어내는지, 복잡한 이중 모음, 겹받침도 잘 읽고 쓰는지 확인해 봐야 합니다. 손쉬운 방법은 교과서의 문장을 읽어주고 받아쓰도록 해보는 거예요. 아직 낱말을 읽는 단계라면 낱말 받아쓰기, 문장을 읽을 수 있는 단계라면 문장 받아쓰기를 시켜 보세요. 틀린 글자는 소리 내어 정확히 읽는 연습을 시켜야 합니다. 그리고 시간이 흐른 뒤 다시 테스트해 보면 좋습니다. 그래야 정확하게 읽는 아이로 키울 수 있습니다.

기초학력 진단 사이트 꾸꾸(www.basics.re.kr)에서는 《찬찬한 글》이라는 교재를 제공합니다. 발음 중심으로 한글을 지도할 수 있도록 구성된 교재이니 참고하셔도 좋겠습니다. 전북교육청에서도 교육정보 카테고리의 교육과정 운영 자료실에 '우리 아이 읽기 쓰기 지도 어떻게 할까?'라는 제목으로 한글 습득을 돕는 자료를 제공하니 살펴보시고 잘 활용해 보세요.

책을 읽으려면 묵독이 돼야 한다

글자를 습득한 후에 스스로 독서를 하려면 그 과정에서 꼭 달성해야 할 과업이 있습니다. 글을 소리 내어 읽을 때 유창하게 읽을 수 있어야 한다는 것입니다. 유창하게 읽는다는 건 적절한 속도와 높낮이, 그리고 정확한 발음으로 읽는 것을 말합니다. 문장을 더듬더듬 읽지 않고 자연스럽게 읽는 것이죠.

유창성 확보가 독해에 필수 요소인지 일부 요소인지에 대해서는 읽기를 연구하는 학자마다 견해가 조금씩 다른데요. 일부 요소라고 해도 결국 유창하게 읽을 줄 알아야 독서가 되기 때문에 저는 필수라고 봅니다. 예를 들어 영어 단어를 조금밖에 모르는 성인이 영문을 읽는다고 할 때, 아는 단어 위주로 해독하며 더듬더듬 읽겠죠. 단어 하나, 문장 하나에 집중하느라 글 전체는 보이지 않을 거고요.

마찬가지로 아이가 한글 문장을 이해하며 읽으려면, 음독 유창성을 확보해야 합니다. 우선 유창하게 읽어야 글의 전체 흐름을 이해할 수 있습니다. 글이 이해가 돼야 소리 내지 않고 읽는 묵독도 가능해집니다. 그래야 비로소 본격적인 독서의 세계로 진입합니다. 그러므로 유창성 훈련을 충분히 해야 묵독 시 오독이 줄어듭니다.

글자를 습득했다는 이유로 너무 빨리 혼자 읽기를 권유받은 아이들은 잘 보면 눈으로 글을 읽고 있는 듯해도 단어를 잘못 이해하거나 정확히 읽지 않고 훑듯이 보는 경우가 많습니다. 그럼 내용 이해를 제대로 할 수 없겠지요. 저학년 때는 비교적 스토리가 단순하거나 삽화를 보고 이해할 수 있는 책을 읽는 경우가 많아 문제가 잘 드러나지 않습니다. 책을 대강 읽고 재미있다고 말하기도 하는데, 그럼 어른은 그런가보다 하고 넘기게 되죠.

그러나 결국 고학년이 되면 문제가 나타납니다. 고학년이 읽어야 하는 글은 텍스트 중심이라서 이해하지 못하면 단번에 티가 나거든요. "이 책 어땠어?"라는 질문 하나로도 파악이 됩니다. 감상을 말하려면 감상과 연결된 내용도 이야기해야 하는데, 잘 들어보면 횡설수설하거나 인물이나 상황에 대해 책과 다르게 말합니다. 이런 아이들에게 책을 소리 내어 읽어보라고 하면 열에 아홉은 유창하게 읽지 못합니다.

그럼, 유창하게 읽게 하는 연습은 어떻게 시켜야 할까요? 이를 위해서는 유창하게 읽어야 할 요소부터 파악해야 합니다. 먼저 단어를 유창하게 읽어야 하고, 다음으론 하나의 어구, 다음으론 문장을 유창하게 읽어야 하죠. 마지막은 책 한 권을 유창하게 읽는 겁니다.

유창하게 읽지 못하는 독자는 보통 모르는 단어 앞에서 머뭇거리며 숨을 고르거나 더듬거리므로, 우선 글을 읽기 전에 모를 것 같은 단어부터 소리 내어 읽어보게 하세요. 이는 길을 잘 걸어가게 하기 위해 중간 중간 놓인 돌을 치워주는 작업 같은 거라 보시면 됩니다. 단어 읽기가 되면, 이제 문장을 의미 단위로 나눠 유창하게 읽게 해야 합니다.

예를 들어 '어느 숲속에 무서운 호랑이와 토끼가 서로를 모른 채 살고 있었어요'라는 문장을 '어느 숲속에 / 무서운 호랑이와 토끼가 / 서로를 모른 채 / 살고 있었어요'라고 의미 단위로 끊어가며 유창하게 읽어야 한다는 것이죠. 이때 어른이 먼저 소리 내어 시범을 보여주셔야 합니다. 이 훈련 시에는 좀 과장해서 읽어도 좋습니다. 이 연습이 돼야 문장을 유창하게 읽을 수 있기 때문입니다.

의미 단위를 유창하게 읽는 게 가능해졌다면 이제 문장 유형을 고려해서 읽을 줄도 알아야 합니다. 이때도 어른이 먼저 시범을 보여야 하는데요. 끝을 내리는 평서문, 올리는 의문문, 강하게 읽는 감탄문, 각각 구별되게 읽어주세요.

예를 들어볼까요. '안녕하세요'라는 문장은 상황에 따라 다양하게 읽을 수 있습니다. 문장 끝에 마침표가 찍힌 '안녕하세요.'는 끝을 내려서 읽어야 하고, 물음표가 찍힌 '안녕하세요?'는 끝을 올려 읽어야 합니다. 끝에 느낌표가 찍힌 '안녕하세요!'는 힘차게 읽어야 겠지요.

이렇게 각각 다르게 읽을 줄 알 때 문장 유창하게 읽기가 가능 하고 글은 상황에 맞게 읽어야 한다는 것도 배울 수 있습니다. 연습, 훈련이라고 표현했지만 이 과정은 사실 유창하게 잘 읽는 독자 가 옆에서 그림책을 자주, 그리고 재밌게 읽어주는 것만으로도 많 은 부분 해결됩니다. 글자를 배우기 전에 그림책을 읽어주면 좋은 것은 이런 이유 때문이기도 합니다.

유창성 확보를 위해서 읽어줄 책으로는, 아이가 좋아하는 어느 것이든 상관없습니다. 다만 조금 더 전략적으로 읽기를 도와주는 책을 선택해도 좋겠지요. 동시집, 어린이 시집, 전래동화가 바로 그 런 책들입니다. 동시집, 어린이 시집에 실린 시는 보통, 운율감 있 고 같은 말이 반복되는 경우가 많습니다. 연과 행의 구분이 있어 텍 스트가 한눈에 들어오고 아이가 혼자 읽기에도 부담이 없습니다. 시는 글 전체가 한 호흡에 읽혀 성취감도 느낄 수 있지요.

전래동화도 마찬가지입니다. 전래동화는 의성어, 의태어가 많 이 등장하고 문장이 짧은 편입니다. 그렇다 보니 운율 있게 읽어 주기 좋습니다. '옛날 옛적 어느 마을에'라는 시작 부분만 읽어봐 도 저절로 운율감이 느껴지지요. 유창성 확보를 위한 읽기를 연습 할 땐 항상 어른이 먼저 읽어주세요. 다음으로 아이 혼자 읽게 해보세요. 혼자 읽기를 거부하면 이야기를 들려줄 대상을 정해주세요. 반려동물, 어항 속 물고기, 꽃에게 글을 읽어주라고 해보는 거예요. 실제 해외에서도 자주 시도하고 또 효과를 얻는 방법입니다.

유창하게 읽기가 잘 되지 않으면 연습을 위해 의도적으로 텍스트를 변형해보는 방법도 좋습니다. 동시집이 아니라면 보통 글이 왼쪽에서 오른쪽으로 길게 진행되지요. 그런데 이제 막 글자 교육을 받은 아이들에게는 왼쪽에서 오른쪽으로 따라가며 읽는 일조차 너무 긴 길처럼 느껴질 수 있습니다. 텍스트 양에 압도돼 어디서 숨 고르기를 할지 몰라 긴장될 수 있어요. 그럴 때 아래처럼 종이 위에 의미 단위로 행갈이 한 문장을 제공해 주세요.

어느 숲속에
무서운 호랑이와 토끼가
서로를 모른 채 살고 있었어요.

읽기에 대한 부담이 줄어들고 어디에서 끊어 읽어야 하는지 눈에 보이니 유창하게 읽는 데 도움이 됩니다. 이 단계에서는 읽었던 책을 반복해서 보는 것이 좋습니다. 매번 새로운 책을 유창하게 읽기란 쉽지 않거든요. 익숙한 책은 심리적으로 편안하게 해주고, 텍스트에 집중하며 점점 더 유창하게 읽을 수 있게 만들어 줍니다. 그래야 읽기 자신감도 생깁니다.

유창한 읽기보다 더 중요한 것

유창하게 읽기만큼 중요한 건 정확하게 읽는 것입니다. 글을 유창하게 읽기는 하는데 실제 내용과 다르게 읽는다면 어떤 문제가 일어날까요? 아래 사례를 보겠습니다. 원문은 본래 글이고 다음 페이지의 글은 잘못 읽은 글이에요. 잘못 읽은 부분을 다른 색으로 처리해 보았습니다. 먼저 한번 살펴보세요.

원문

어느 임금님에게 예쁜 공주가 있었어요. 막내는 특히 더 아름다웠어요.
궁궐에는 숲이 있었고요. 숲에는 나무가 있었지요.
그 나무 밑에는 맑은 샘물이 퐁퐁 솟아났어요.
막내 공주는 심심할 때마다 샘물 앞에서 혼자 놀았어요.
공을 띄워 손으로 만지작거리면서요.
그러던 어느 날 공주는 공을 샘물에 빠뜨리고 말았어요.

잘못 읽은 글

어느 임금님에게 예쁜 공주가 있었어요. 막내는 특히 더 아름다웠어요.
궁궐에는 숲이 있었고요. 숲에는 나무가 있었지요.
그 나무 밑에는 밝은 샘물이 퐁퐁 솟아났어요.
막내 공주는 심심할 때마다 샘물 앞에서 혼자 놀았어요.
콩을 튀워 손으로 만지작거리면서요.
그러던 어느 날 공주는 콩을 샘물에 빠뜨렸다.

'맑은'을 '밝은'으로 읽었고 '공'을 '콩'으로 읽었습니다. '띄워'를 '튀워'라는 말로 바꿔 읽고 마지막 문장에서는 '빠뜨리고 말았어요'를 '빠뜨렸다'로 읽었어요. 이런 식으로 책을 읽으면 어떤 일이 발생할까요? 당연히 내용을 정확히 이해할 수 없습니다.

맑은 샘물과 밝은 샘물의 차이는 미세할지 모르겠습니다. 그러나 공을 띄운 것과 콩을 틔운 것은 매우 다른 이미지를 상상하게 합니다. 또한 '튀워'는 의미가 없는 말이기 때문에 잘못 읽었다면 스스로 의심하고 이를 고쳐 읽어야 하는데, 그런 모습이 없다는 것은 다소 낯선 단어가 나올 때마다 잘못 읽을 가능성이 높다는 의미일 수도 있습니다. 마지막 문장에서는 '빠뜨리고 말았어요'가 '빠뜨렸다'로 바뀌어 공을 물에 빠뜨린 안타까움이 덜 느껴집니다.

짧은 지문으로 예를 들다 보니 이 정도 오류는 글 이해에 아주 큰 문제를 일으키지는 않는 것처럼 보일 수 있습니다. 그런데 그림책 한 권을 읽을 때 이런 오류가 계속 나타나면 잘못 이해한 앞 내용을 바탕으로 다음 내용을 읽어가기 때문에 이야기가 진행될수록 오독이 심해질 수밖에 없습니다. 마치 단추 하나를 잘못 채우면 끝까지 잘못 채우는 것 같은 이치지요.

실제로 책이나 글을 읽고 인물에 대한 정보, 줄거리, 결말 등을 잘못 이해한 아이들과 이야기를 나누다 보면 이렇게 글의 앞부분에서부터 조금씩 잘못 읽은 단어나 문장이 있고, 그로 인해 제대로 읽은 문장까지도 오독하게 되어 전체 내용을 잘못 이해하는 경우가 있습니다. 이러한 이유로 정확히 읽기는 정말 중요합니다.

잘못 읽는 부분을 고쳐 주려면 먼저 글 한 편을 혼자 읽어보도록 한 후, 어떤 부분을 어떻게 틀리는지부터 파악해야 합니다. 틀린 부분을 체크할 때 아래 내용을 참고해 보세요.

- 어미를 바꿔 읽지는 않는가?
- 낯선 단어를 아는 단어로 대체해서 읽지는 않는가?
- 조사를 빼먹거나 다른 단어로 바꿔 읽지는 않는가?
- 줄을 놓치거나 읽었던 줄을 다시 읽으면서 스스로 인지하지 못하는가?
- 단어의 순서를 바꿔 읽지는 않는가?
- 단어 자체를 누락하지는 않는가?
- 글에 없는 단어를 넣어 읽지는 않는가?

주로 어떤 것이 틀리는지 체크해 주세요. 유창하게 읽으면서 정확히 읽기 위해서는 누군가 곁에서 직접 읽기 지도를 해주는 것이 가장 효율적인 방법이라고 알려져 있습니다. 아이가 종이 위 글자를 읽어나가다가 잘못 읽는 부분이 있으면 바로 수정해 주는 식이죠. 틀리게 읽는 부분을 곁에서 바르게 읽어주면서 하나씩 고칠 수 있게 도와주세요. 정확하게 읽어야 묵독 시에도 오류가 생기지 않아 혼자 읽는 아이가 될 수 있습니다.

평소 아이의 삶과 괴리된 글자 교육이 아닌 삶에 연결된 교육을 해보시면 좋습니다. 우리가 읽기를 이렇게 강조하고 배우는 이유 또한 그것이 삶과 어떤 형태로든 연결되기 때문이죠. 읽기는 읽기 문제집이 아닌 삶에서 시작하는 것입니다. 읽기 교육을 책으로만 한정하지는 말고, 길을 걷다 보이는 글자들은 물론 일상에서 접하는 인쇄물, 과자 봉지, 각종 설명서, 아파트 게시판에 붙은 글, 전단지 속 글 등을 읽게 해보세요.

주변의 읽을거리는 더 많습니다. 각종 고지서를 일부러 소리 내어 읽어보세요. 아이와 함께 요리하며 여러 식품 봉지를 직접 읽게 해보세요. 새로 산 물건을 조립하거나 설치할 때 설명서도 같이 읽어보시고요. 여행을 가면 관광지에서 받은 팸플릿을 직접 읽게 해주세요. 아이들에게 글을 읽어냈을 때의 재미, 의미를 일상에서 알려주셔야 합니다. 그래야 삶의 맥락 안에서 읽기의 기초가 생깁니다.

읽을 줄 안다 vs. 독서를 즐긴다

읽기 독립이라는 말이 매우 널리 퍼져 있습니다. 부모들은 글자 습득 다음으로 이를 매우 큰 과업으로 여기며 읽기 독립이 안 돼 걱정이라는 말도 많이 합니다. 그런데 읽기 독립이라는 말의 정확한 의미는 애매합니다. 글자를 몰라도 혼자 그림책을 뒤적이는 것, 글자를 습득하고 난 후 혼자 소리 내어 유창하게 읽는 것, 묵독으로 책 한 권을 읽어내는 것, 책을 찾아 읽는 자발적 독자가 되는 것, 그 중 진짜 읽기 독립은 무엇일까요?

앞서 안내한 대로 소리 내어 유창하게 읽을 줄 알면 글의 의미를 파악할 수 있다는 것이고 의미 파악이 되면 묵독이 가능해지는데요. 그렇다면 이 단계에서 어른의 도움 없이 책 한 권을 묵독할 수 있기 때문에 저는 이 단계를 읽기 독립의 완성으로 봅니다. 만약 묵독을 하면서 이해되지 않아 계속 질문하거나 질문하지 않더라도 이해를 못한다면 혼자 읽긴 했지만 독립이라 보기는 어렵습니다.

읽기 독립을 위해 노력해야 할 것은 무엇일까요? 사실 너무도 단순한데, 글자 습득 유무와 상관없이 그림책을 충분히 읽어주는 것입니다. 글의 분위기와 의미를 파악하여 능숙하고도 유창하게 읽는 어른의 소리 독서(소리 내어 읽는 행위)의 도움이 있어야 아이는 귀 독서(귀로 듣는 행위)를 하면서 책 한 권의 내용을 알고 완벽하진 않아도 어느 정도 의미도 이해할 수 있습니다.

이렇게 책 전체 분위기를 느끼며 귀 독서를 많이 한 아이는 어느 순간 혼자 읽기를 원하며 자연스럽게 묵독의 세계로 진입합니다. 글을 읽고 글자를 해독하는 데 인지자원을 사용해야 하는 단계에서는 의미 이해가 어려워 타인의 소리로 읽기에 도움을 받아야 했지만, 소리를 내지 않고 읽어도 이해가 된다고 느껴지면, 사실상 누군가 소리 내 읽어주는 건 답답하기 마련이거든요.

자, 한번 생각해 보겠습니다. 소설책 한 권을 누군가 소리 내 읽어준다면 어떨까요? 뭔가를 해야 해서 직접 읽을 수 없는 상황, 좋은 문장을 천천히 느끼고 싶은 상황, 잠자리에 누워 숙면을 취하기 위한 준비로 귀로 듣고 싶은 상황이 아니라면, 사실상 책 한 권을 누군가가 읽어주는 것은 스토리 전개가 너무 느려 답답할 것입니다. 무엇보다 독서를 할 때는 읽는 사람 스스로가 이해도에 따라 읽는 속도를 조절해야 하는데, 그것도 되지 않아 긴 책일수록 의미 구성에 오히려 어려움을 겪을 수 있습니다.

즉, 아이 스스로 묵독을 하고자 한다면 그건 글자 해독은 물론 글 이해, 간단한 의미 구성까지 가능해졌다는 것이므로 이때가 비로소 읽기 독립이 이뤄지는 순간인 것이지요. 그런데 가끔 아이 스스로 묵독이 가능한데도 읽지 않는 경우에 읽기 독립이 안 됐다고 표현하시는 걸 봅니다. 이런 경우는 읽기 독립이 안 된 것이 아니라 책 읽기에 재미를 못 붙여 안 읽는 것입니다. 이를 구분해야 읽기 독립을 성공적으로 도울 수 있습니다.

축구로 따지면 글을 유창하게 읽는 단계까지는 드리블 실력을 익힌 것이고요. 축구를 하는 것이 바로 독서입니다. 드리블 실력만 있다고 축구를 잘하지는 못하고 이것이 축구를 좋아한다는 증거도 아닙니다. 즐기면서 축구를 해야 축구 기술도 익히고 능숙해지는 거죠. 마찬가지로 독서도 본격적으로 즐기며 시작해야 합니다. 어쩌면 이게 글자 습득과 유창성 훈련보다 더 어려운 부분이라 많은 분이 고민하는 것이죠.

가끔 독서학원을 찾아와 토론, 글쓰기 기술을 요구하는 부모들을 봅니다. 게다가 그분들은 요약 능력, 조리 있게 말하는 능력을 키워달라고 말하시기도 합니다. 토론, 글쓰기, 요약, 말하기는 모두 읽기를 잘해야 가능한 다음 단계의 일입니다. 특히 요약 능력은 쓰기 영역이기도 하지만 엄밀히 말하면 독해력을 바탕으로 얻어지는 능력입니다.

독해를 잘해야 텍스트를 완전히 소화한 뒤 정리해 쓸 수 있으니까요. 잘 읽는 것이 최우선임을 강조하고 싶습니다. 잘 읽는 아이로 키우고 싶다면 매일 30분 정도 묵독 시간을 가질 것을 추천 드립니다. 최소 10~15분은 넘어가야 몰입 상태로 들어갈 수 있기 때문에 적어도 30분은 읽혀야 읽기의 재미를 느낄 수 있습니다.

권수로 말하기는 어려운 부분이지만 초등 1학년은 읽기 책 기준 하루 한 권 정도는 읽을 수 있으면 좋겠습니다. 이야기 한 편을 쓰윽 읽어내는 경험을 계속 하면 나중에는 따로 시간을 정하지 않아도 혼자 펼쳐 읽게 됩니다. 매일 읽다 보면 엉덩이 힘도 생기는데 엉덩이 힘은 모든 것의 기초가 됩니다.

매일 혼자 읽는 시간을 확보해 주고 말 그대로 혼자 독서할 수 있게 도와주세요. 읽는 분위기를 만들어 주자는 것입니다. 혼자 책 한 권, 한 권 읽어나가는 게 매일 양치를 하고 밥을 먹는 것처럼 자연스러워지도록 도와주세요. 매일 반복해야 익숙해집니다. 그래야 어느 정도 읽기 양도 확보할 수 있습니다. 읽기 양이 확보되면 어느 순간 다양한 읽기 기술도 스스로 깨우치게 됩니다. 독서에서는 양적 성장이 질적 성장을 어느 정도 담보하니까요.

문장을 써봐야 더 잘 읽는다

책 한 권을 혼자 읽을 줄 알게 되면 글쓰기도 해봐야 합니다. 쓰기는 문장 구성력이 필요한 활동입니다. '오늘 학교에서 친구하고 놀았다'는 짧은 문장조차 어떤 단어로 시작할지, 어떤 단어를 이어 문장으로 구성할지를 생각해야 쓸 수 있습니다. 문장 구성력을 키우려면 글을 잘 읽어야 합니다. 남이 쓴 글을 먼저 읽어야 자기 글도 쓸 수 있으니까요. 그래서 문장을 쓰는 것은 읽기를 잘하게 하는 하나의 방법이기도 해요.

글의 종류가 참 많지만 간단히는 자신이 한 일을 써 보는 것이 초등 1학년에게 가장 어울리고 적당합니다. 흔히 일기를 떠올리기 쉬운데요. 일기는 시간의 제한이 느껴지는 글이고 무엇보다 일기라는 말에서 하루 동안에 한 일을 써야 한다는 압박을 느끼는 경우가 많아요. 그러니 일기보단 경험 쓰기를 한다고 생각하고 지도

하는 것이 좋습니다. 중요한 건 무엇을 했는지를 묻지 않는 거예요. 그걸 물으면 매일 비슷한 일과를 쓸 수밖에 없습니다. 감정, 사람, 장소를 기준으로 소재를 찾게 하면 아이가 좀 더 다양한 글을 쓸 거예요.

감정 중심으로 생각해 보기
- 마음에 남는 일
- 나를 슬프게 한 일
- 나를 화나게 한 일
- 억울한 일
- 속상한 일
- 서운한 일
- 날아갈 것 같은 일
- 기억하고 싶은 일

사람 중심으로 생각해 보기
- 엄마와 있었던 일
- 친구와 있었던 일
- 길 가다 본 사람 중 인상 깊은 사람
- 형제자매와 있었던 일
- 텔레비전에서 본 사람에 대한 느낌

장소 중심으로 생각해 보기
- 학교에서 있었던 일
- 학원에서 있었던 일
- 놀이터에서 있었던 일
- 길을 걷다 있었던 일
- 여행지에서 있었던 일

이때 꼭 느낌이나 감정을 쓸 필요는 없습니다. 느낌이나 감정은 언어로 표현하기 힘들 만큼 다채롭고 복잡해요. 언어보다 감정이 먼저 발달했으니까요. 차라리 그 일 자체, 상황 자체, 그때 했던 행동을 자세히 표현하게 도와주는 것이 더 낫습니다. 예를 들어 '친구가 때렸다. 속상했다' 보다는 '친구가 때렸다. 주저앉아 울었다'라고 쓰는 식이죠. 그래야 감정이 더 잘 드러납니다.

초등 1학년의 글쓰기는 한 문장에서 세 문장 정도면 충분합니다. 그리고 쓰기 연습을 위해 쓰는 것이 아니라 글이 아이의 마음과 생각을 표현하는 수단이기 때문에 쓰는 겁니다. 그렇기에 아이가 글을 쓰면 소통해주는 것이 중요합니다. '이런 일이 있었구나. 속상했겠다' '그 사람은 왜 그랬을까?' '넘어졌는데 다치진 않았어?'라는 식으로 글에 대해 자연스럽게 소통하면 쓰기가 지겨운 일이 아닌 하나의 소통 수단이라는 것을 배울 수 있습니다.

5장.

아이를
평생 읽는 사람으로 만드는
독서 경험 5

✦

다시 느끼고 싶은 벅찬 감동

강연 진행을 위해 참석하신 분들에게 아이들이 문학 작품을 읽고 있냐고 질문할 때가 종종 있습니다. 그런데 어느 강의를 가나 대부분 읽지 않는다고 하십니다. 또는 갸우뚱하시기도 합니다. 아마도 문학 작품이라고 하면 흔히 고전문학이나 소설을 떠올려 그런 것이 아닌가 합니다. 고학년이나 더 성장해서 읽어야 할 작품으로 생각하시는 것 같기도 합니다.

사전적 정의에 의하면 문학은 사상이나 감정을 언어로 표현한 시, 소설, 수필 등을 말합니다. 아이를 대상으로 창작하면 아동 문학, 어린이 문학이 되는 것이고요. 더 익숙하게는 동화, 동시도 있죠. 그럼 아이들이 지금 동화나 동시를 읽고 있는지를 물으면, 읽는다고 할 때는 보통 동시보다는 동화를 떠올리시곤 합니다. 이를 고려해 '아이가 동화를 읽고 있나요?'라고 다시 질문하면 대부분 읽고 있다고 이야기합니다.

문학은 아이들이 책을 만나는 순간부터 필연적으로 만나게 되는 장르입니다. 글자 교육 이전에 읽어주는 그림책부터 그 후 혼자 읽는 그림책에도 문학 장르가 있습니다. 여전히 문학이라는 말이 다소 멀게, 혹은 애매하게 느껴지신다면 취학 전 아이들이 많이 좋아하는 《수박 수영장》, 《구름빵》, 《알사탕》, 《팥빙수의 전설》, 《두근두근 편의점》 등을 떠올려 보세요. 이런 그림책이 모두 문학의 영역에 속해 있습니다.

아이들의 첫 문학 읽기 경험은 보통 5~6세라고 할 수 있는데요. 첫 경험을 할 때부터 문학만이 주는 감동을 제대로 느껴봐야 문학을 계속 읽을 수 있습니다. 이야기를 즐기며 꾸준히 읽는 사람이 될 수 있다는 이야기이지요. 그럼 문학적 감동은 무엇이고, 이 시기에 문학을 어떻게 접해야 하는지, 주의할 점은 무엇인지에 대해 말씀드리겠습니다.

문학을 읽고 감동을 얻는다는 것은 어떤 의미일까요? 감동은 우리가 흔히 아는 의미처럼 무언가 강렬한 느낌으로 인해 마음이 크게 움직이는 것을 말합니다. 문학은 결국 사람들의 이야기인데요. 인물들이 만들어가는 이야기를 읽다 보면 평소 자신이 하던 생각이나 삶을 이해하는 방식을 뒤바꿀 만한 깨달음을 느끼는 지점을 만나게 되지요. 이로 인해 삶에 대한 새로운 통찰이 생깁니다. 이것이 바로 문학 읽기로 느끼는 감동이지요.

이러한 문학적 감동은 사람을 성찰하게 합니다. 문학 속 다양한 인물들과 만나서 울고 웃고 한바탕 놀다 나오면, 자기 삶이 비로소 새롭게 보이거든요. 처음 문학을 읽는 독자는 표면적으로 드러난 인물의 행동에 일희일비하곤 합니다. 보이는 그대로 선과 악을 가르며 공감하거나 분노하기도 하죠.

그러나 이야기는 사람을 선과 악으로 나눠 악인을 단죄하기 위해 쓰인 것이 아닙니다. 결국 모두가 인간 안에 내재된 모습임을 인식해 어떤 모습이 더 나은 삶으로의 지향인지를 탐구하고 고민하게 만드는 것이 목적입니다. 문학 읽기를 지속해 성숙한 독자가 되면 이 고민의 지점에 도달하는 순간들을 자주 만나는 것이고요.

감동을 자주 느낄수록 감정에 민감해지는데, 민감성은 주변 사람을 대하는 성숙한 태도로 치환됩니다. 인생을 살아가는 데 사람에 대한 태도는 참으로 중요하죠. 성숙한 마음과 자세가 저는 삶의 기본이라고 생각합니다. 감동을 자주 느끼는 사람일수록 타인에 대한 배려가 깊어지고 건강한 관계를 맺는다고 하니 문학을 읽지 않을 이유가 없겠지요.

문학을 처음 접할 때는 좋은 책을 골라 읽어줘야 하는데요. 그렇다면 인간을 더욱 인간답게 만드는 좋은 문학책이란 무엇일까요? 아마도 우리 마음속에 오래도록 감동을 남기고 삶의 풍요로움을 더해주는 책일 것입니다.

글 작가, 그림 작가가 한 땀 한 땀 정성스럽게 만들어낸 책이 좋은 문학책입니다. 간단히 이야기하면 작가가 자기 이름을 걸고 만든 책 대부분이 좋은 문학이라고 보면 됩니다. 물론 작가 이름을 걸었다고 해도 작품마다 작품성의 차이는 있겠지만 여기서는 책의 역할을 하기 힘든 책과 대조해서 이야기하는 것이기에 대략 큰 기준만 이야기하는 것입니다.

그런데 의외로 아이에게 문학을 권할 때 이런 기본 속성을 무시하는 경우가 많습니다. 예로 문학을 생활습관을 형성해주기 위한 도구, 혹은 도덕성을 키워주기 위한 매개로만 인식하는 경우입니다. 이렇게 생각하면 책 선택에서부터 문제가 생길 수 있습니다.

유아기부터 많이 보는 생활습관 동화라는 이름을 단 책들 중에는 좋지 않은 책이 있습니다. 엉성한 스토리 구성, 대강 그려낸 그림을 바탕으로 생활 속에서 지켜야 하는 규칙만 너무 전면에 부각시킵니다. 오로지 그것 한 가지만 전달할 목적으로 쓰인 책은 아이들에게 어떤 감동도 줄 수 없습니다. 엄밀히 말하면 문학의 영역에 속하지 않습니다.

문학적 감동을 제대로 느끼기 위해서는 문학을 도덕이나 일상생활 습관을 형성하는 도구로 사용하지 않는 것입니다. 방금 이야기한 생활습관 동화라는 이름으로 묶여 나오는 책들이 대체로 그런 느낌을 줍니다. 양치 안 하는 아이, 친구를 때리는 아이를 등장시켜 결국 나쁜 결과를 얻는 모습을 보여준 후, 양치도 잘하고 친구도 때리지 말아야 한다는 등의 가르침을 주는 경우가 많은데요. 문학은 단순히 이런 것을 가르치기 위해 존재하지는 않습니다.

그런 책을 자꾸 접할수록 처음 문학을 통해 느껴야 하는 감동을 느끼지 못하고 책은 나를 바꾸거나 가르치려는 도구라고 생각하게 될 수 있습니다. 비슷한 맥락에서 책을 읽고 난 후, 교훈을 전달하는 말을 직접적으로 하지 않는 것도 중요합니다. "거봐, 동생하고 싸우면 안 되지?" "그러니까 너도 친구들에게 나눠주는 사람이 돼야 해' 같은 말을 한다면 아이는 책은 나를 가르치는 도구구나, 라고 생각해 책의 진정한 가치를 느끼지 못할 수 있습니다.

이야기를 꾸준히 읽는 아이들은 어떤 책에서도 얻을 수 없는 감동과 재미를 이야기를 통해서만 느낄 수 있기 때문에 계속 읽습니다. 이렇게 문학을 처음 접할 때 느껴야 할 감동과 재미가 아닌 교훈만을 이야기한다면 문학이 무엇인지 느껴볼 겨를이 없을 거예요.

오해가 있을까 싶어 첨언하자면, 좋은 문학 중에서도 물론 삶의 교훈과 생활습관을 이야기하는 책도 많습니다. 대표적으로 저학년 아이들의 인기 책인 《만복이네 떡집》도 바른 언어생활을 이야기하는 책입니다. 저학년까지 많이 읽는 전래동화도 인간의 기본 도리와 도덕을 이야기하는 경우가 많습니다.

다만 이런 작품은 오로지 교훈을 내세우지 않고, 재미있고 짜임새 있는 이야기에 잘 담아 그런 내용을 은근히 전합니다. 그래서 아이들도 거부감 없이 받아들이며 오히려 좋아하는 것이지요. 이런 좋은 문학을 읽는다면 아이들에게 굳이 바른 언어 습관의 중요성을 이야기하지 않아도 아이들의 내면은 자연스럽게 변합니다. 이게 바로 좋은 문학이 가진 힘이기도 합니다.

나만의 인생 책 발견

　반려자, 반려동물, 반려식물처럼 반려라는 말은 곁에 두고 함께 하는 것을 뜻합니다. 물리적으로만 함께하는 것이 아니라 정서적으로 의지하고 힘을 주고받는 존재지요. 사랑이란 말로 표현되지 않는 그보다 더 깊은 의미라고 해야겠지요.

　사람, 동물, 식물처럼 사람이 살면서 정말 곁에 두어야 하는 것 중 하나는 책일 것입니다. 책은 비록 무생물이지만, 무생물이기 때문에 어쩌면 더욱 변치 않는다는 속성이 있습니다. 내가 잠시 멀리 해도 나를 원망하지 않고 그 자리에서 기다려 줍니다. 읽을 때마다 새로운 느낌으로 나를 설레게 하고 때론 큰 깨우침을 주지요. 즐거움을 주는 것은 물론입니다.

　사람은 생애 주기에 따라 관심이 가는 것, 해야 할 일 등이 있습니다. 그 과정에서 자신의 현실을 받아주고 공감하고 위로해준 책이 있다면 아마 평생 잊지 못하겠지요. 나이가 아니더라도 상황에 따라 잊지 못하는 책이 독자라면 있기 마련입니다. 이런 책을 만난 경험은 평생 읽는 사람으로 살아가는 계기가 될 것입니다.

어린 독자들에게도 예외는 아닙니다. 이야기의 기쁨을 처음 선사해준 책, 볼 때마다 까르르 웃음이 터져 나와 보고 또 보고 싶은 책, 읽고 또 읽어도 재미있고 새로워서 반복해 읽는 책, 부모님이 읽어주던 그 공간과 함께 기억되는 책, 은근한 위로가 돼 슬프거나 우울할 때마다 펼쳐보고 싶은 책, 왠지 나를 응원해 주는 것 같아 평생 소장하고 싶은 책 등이 있을 있다면 계속 읽을 힘이 되겠지요. 저는 그런 책을 반려책이라 부르고 싶습니다.

그러니까 어린 독자들이 자기만의 반려책을 만나려면 어른들이 무엇을 도와줘야 할까요? 사실 무언가를 하기보다 하지 말아야 할 일이 더 많습니다. 우선 너무 어릴 때부터 읽어야 하는 책 중심으로만 독서하지 않게 하는 것이 가장 최우선입니다. 아이들은 아직 이 세계에 어떤 책이 있는지 모르기 때문에 책 선택의 주도권을 완전히 줄 수는 없습니다. 그런 차원에서 본다면 책을 권해주는 일은 그리 나쁜 일이 아니며 오히려 필요한 일입니다.

그러나 다양한 책을 계속 권하며 고를 기회를 주는 것과, 읽어야 할 책을 정하고 필독하게 하는 건 전혀 다릅니다. 권해줄 때 아이가 거절할 수도 있다는 것을 염두에 두고 줘야 오히려 자신만의 반려책을 찾을 기회가 더 생기겠지요.

두 번째로 하지 말 일은 반복 독서를 금지하지 않는 것입니다. 아이가 같은 책을 열 번, 더 많게는 스무 번도 넘게 반복해서 읽는 이유는 매번 새롭기 때문이거나 반대로 너무 익숙한 편안함을 다시 느끼고 싶은 마음 때문입니다.

읽을 때마다 그 책이 새롭다면 아이 입장에선 새로운 책을 읽는 것과 다르지 않습니다. 익숙함이 좋아 계속 읽는 거라면 좋아하는 사람, 만나면 편안한 사람을 계속 만나고 싶은 심리와 비슷하다고 생각하면 됩니다. 반복해 읽는 책은 아이가 좋아하는 책이니 평생의 반려책이 될 가능성도 높습니다. 계속 읽다 보면 다른 책도 읽을 수밖에 없으니 너그럽게 보아주세요.

반려책은 인생의 시기마다 새롭게 등장할 수도 있습니다. 사람은 성장하면서 관심사나 중요하게 여기는 가치가 바뀌니까요. 아이의 반려책을 버리지 말고 모아주는 것도 독자로 살아가는 데 도움이 됩니다. 유아에서 초등학생이 되면 영유아기 때 봤던 책은 정리해야겠지만 아이가 버리지 않길 바라는 책은 보관해 주세요. 다시 펼쳐보지 않더라도 곁에 있다는 사실만으로도 아이가 편안해하고 긍정적 독서 정서에도 도움이 됩니다.

만약 형제자매가 같은 책을 좋아하고 소장하고 싶어 한다면, 그 책만큼은 각각 따로 갖게 해주세요. 책은 사실 공유하는 물건은 아닙니다. 자기만의 손때가 묻어 있고 마음이 담겨 있으니까요. 눈에 보이는 흔적은 없더라도 독자들은 자신이 좋아하는 책이라면 자기

흔적이 있는 것처럼 느끼기도 합니다. 그래서 저도 누군가 제 책을 빌려달라고 하면 새 책을 구입해서 선물하는 편입니다. 이런 점을 고려해 각각 소장할 수 있게 해주세요.

사람이 살아가면서 반려책을 만난다는 것은 큰 힘이 됩니다. 살다 보면 공부, 숙제 등 과업들이 많아 잠시 책과 멀어질 수도 있는데요. 자기만의 반려책이 있는 사람은 언젠가는 다시 책으로 돌아옵니다. 아이들이 그런 반려책을 발견할 수 있도록 곁에서 도와주신다면 열혈 독자는 아니어도 평생 독자는 될 수 있을 거라 믿습니다.

어떤 책 속으로 푹 빠져든 경험

독서에 관심 있는 사람들은 술술 읽혔다거나, 빠져 들었다는 서평을 심심치 않게 만납니다. 무심코 펼쳐든 책이 어느새 독자를 몰입의 세계로 이끌면 그때만큼 행복한 순간도 없지요. 무언가에 몰입한다는 자체가 인간을 충만하고 성장하게 하니까요. 책에 몰입하는 경험을 한 번이라도 하고 나면 그다음부터는 자연스럽게 또 그런 책을 찾아 나서게 됩니다. 그 순간의 기분을 잊지 못하거든요.

독자들이 책에 빠져드는 이유가 바로 책 자체 때문이라는 연구결과도 있습니다. 물론 그 외에 여러 요소가 필요하지만 책 자체가 이미 책에 빠져들 이유가 된다는 것이지요. 그럼 부모가 아이들에게 해줘야 할 일은 생각보다 참 단순하고 명확합니다. 한창 책에 대한 호감 가질 초등 1학년 시기에 빠져들어 읽을 만한 책을 찾아주거나 함께 찾아보는 것입니다.

저는 2000년부터 2015년까지 방문수업으로 독서지도를 했습니다. 제 삶을 지탱해준 책의 힘을 전하고 싶어 시작한 방문수업 당시 참 많은 아이들을 만났습니다. 예나 지금이나 크게 다르지 않아 그때도 책을 안 읽는 것이 아니라 이미 책에 거부감이 든 아이들이 참 많았습니다. 아이들의 독서 실태를 전혀 모르던 저는 많은 아이들과 만나면서 현실에 눈을 떴고, 그래서 이상적으로 생각했던 수업이 아닌 현실적인 수업을 고민하게 됐습니다.

보통 독서논술 수업을 떠올리면 독서, 토론, 논술, 글쓰기 통합 수업을 생각합니다. 그리고 실제로 읽고 토론하기, 쓰기라는 읽기의 확장을 통해 아이가 성장하도록 돕는 게 독서논술 수업의 궁극적인 목표이기도 합니다.

그런데 토론과 논술은 어느 정도의 독서량이 확보된 경우, 즉 독서로 어느 정도 생각하는 기른 아이들이 모였을 때 활발히 진행될 수 있습니다. 반대로 독서량이 많지 않아 생각의 힘 자체가 부족한 경우에는 토론, 논술 수업은 이상적일 수 있다는 것이죠. 제가 생각했던 현실적인 수업은 책 읽기를 함께하는 것 그 자체였습니다. 책을 많이 읽게 하거나 잘 읽게 한다기보다 책을 즐길 수 있도록 도와주는 것이었습니다.

즐기지 못하면 잘할 수 없기에 우선은 즐기며 읽어야 한다는 생각으로요. 읽는 재미를 아는 것이 읽기 교육, 독서교육의 시작이자 어쩌면 전부이니까요. 읽기를 즐기지 않는 아이들일수록 더욱 읽는 일 자체에 초점을 맞춰야 합니다. 그래서 저는 읽는 것에 먼저 중점을 두었습니다.

매주 아이들을 만나러 가기 전에 아이들이 몰입해서 읽을 만한 책 다섯 권을 들고 가서, 그중 두어 권을 골라 읽으라고 이야기했습니다. 일단 펼쳐 읽어보기, 잘 읽히면 계속 읽기, 집중이 안 되면 멈추기, 읽히기는 하는데 영 재미가 없다 싶으면 그냥 덮어두기를 지침으로 주었습니다. 그리고 그다음 주에 만나 읽은 책에 대해 이야기 나눴습니다. 어떤 책이 잘 읽혔는지, 반대로 어떤 책이 집중이 안 되고 읽기 힘들었는지 물었습니다.

보통 한두 권 정도를 재밌게 몰입해서 읽었다고 하는데요. 몰입해서 읽었다는 책을 중심으로 간단한 대화, 독후 활동 등을 이어나갔습니다. 아이들이 어떤 책을 몰입해서 읽을지 모르니 저는 다섯 권 모두에 대한 독후 활동을 준비해갔습니다. 그중 반 이상은 늘 의미 없는 자료가 됐지만 저는 아이들이 몰입해서 읽는 책이 늘어난다는 사실이 진심으로 기뻤습니다.

그렇게 6개월 정도를 하니, 따로 읽기 훈련을 하지 않았음에도 아이들의 읽기 실력과 독서력은 훌쩍 성장해 있었고요. 무엇보다 반가운 것은 책 읽기에 대한 거부감이 줄어드는 것이 보였다는 점이었습니다. 그뿐 아니라 제가 그다음 주에는 어떤 책을 들고 올지를 기대하는 모습도 보였습니다. 그 모습을 보는 것이 얼마나 감사하고 감격스러웠는지 모릅니다.

제가 한 일은 부정적인 독서 경험을 많이 해서 책 읽기에 거부감이 생긴 아이를 대상으로 한 것인데요. 본래 몰입 독서는 독자가 되기 위해, 혼자 책을 읽기 시작하는 독서 초기에 필수적으로 경험해야 할 일입니다. 그리고 몰입 독서를 경험하게 도와주는 것은 생각보다 간단합니다. 제가 했던 것처럼 아이가 재밌게 읽을 만한 책을 끊임없이 권해주고 몰입할 수 있을 만한 책만 읽게 하는 것입니다. 읽히지 않는 책은 과감히 배제하고요.

문제는 책을 구입하게 되면 읽지 않는 책을 편히 두고 보기가 쉽지 않다는 것입니다. 일단 구입했기 때문에 자꾸 읽으라고 재촉하게 될 가능성이 있죠. 그래서 저는 도서관을 활용하기를 권장합니다. 도서관에 가서서 일주일에 다섯 권에서 열 권 정도의 책을 빌려오세요. 그리고 책장 한편에 꽂아 두세요.

일주일 후에 반납해야 하니 잘 읽히는 책 위주로 읽으라고 이야기해 주세요. 최소 한 권 이상 읽는다는 최소한의 규칙을 정해주면 좋습니다. 그리고 읽지 않는 책은 그대로 반납합니다. 이 과정을 반복하다 보면 아이가 어떤 책을 주로 몰입해서 보는지 알 수 있습니다. 또 어떤 이야기를 잘 읽지 못하는지도 알 수 있습니다. 알게 된 것을 바탕으로 책을 골라 오다 보면 어느 순간부터는 읽지 않고 반납하는 책이 줄어듭니다. 책 선택을 잘하게 되는 것이죠.

몰입해 읽은 책이 어느 정도 늘어 책에 대한 마음이 열리면 그때부터는 도서관에 같이 가는 것이 좋습니다. 자기가 읽을 책을 스스로 빌려오는 법을 배워야 하니까요. 그리고 아이가 스스로 책을 고르는 경험을 할 수 있게 해주세요. 이는 성숙한 독자로 나아가는 길입니다. 이렇게 독서에 몰입한 경험이 많은 아이는 자연스럽게 책 읽기의 의미와 가치를 깨달을 수 있습니다. 스스로 깨달았을 때 비로소 평생 독자로, 건강한 독자로 남을 거예요.

처음부터 끝까지 내 맘대로 독서

제가 긴 시간 책을 매개로 아이들과 만나면서 예나 지금이나 가장 안타까워하는 것이 있습니다. 잘 읽는 아이들은 괜찮지만, 읽지 않는 아이들을 만나면 처음에는 책을 읽지 않는 것, 독서량이 부족한 것, 독서량이 부족하니 어휘력도 부족한 것 등이 먼저 눈에 띕니다. 부모들도 주로 이런 점을 걱정거리로 안고 상담 받으러 오시곤 하죠. 그런데 이런 아이를 많이 만나고 오랫동안 독서 지도를 하다 보니 이면의 문제가 보였습니다. 바로 계속 읽는 아이가 되려면 필수적으로 갖춰야 할 독자로서의 주체성이 결여돼 있다는 것입니다.

책은 사고를 넓혀주고 삶을 다듬어가게 돕습니다. 사람을 끊임없이 생각하게 하고요. 자기 자신과 자신을 둘러싼 세계를 돌아보며 어떻게 살아가야 할지 고민하게 합니다. 책이라는 매체는 한 사람이 주체적으로 살아가게 돕는 도구인 셈이지요. 그런데 우리는 책을 읽히는 방식에 있어서는 책의 속성과 상반된 행동을 취하기도 합니다. 예를 들어 필독을 강조하는 것, 읽는 책마다 완벽한 이해를 강조하는 것 등이 그렇습니다.

독자로서 주체성을 키워주기 위해서는 책을 읽는 모습, 읽는 과정의 모든 면을 있는 그대로 인정하고 바라봐줘야 합니다. 읽는 시간, 장소, 읽는 자세 등은 물론이고 어떤 책을 읽는지에 대한 것도요. 부모가 보기엔 맘에 안 드는 부분이 있을 수 있습니다. 그러나 주체적으로 결정하고 경험하는 과정에서 더 나은 독자, 주체적인 독자로 나아갑니다.

아이가 독자가 되도록 돕는 과정에서 헷갈리거나 어려운 부분이 있을 때 저는 항상 성인의 독서를 생각하시라고 말씀드립니다. 누군가 성인인 나 자신에게 읽어야 할 책, 읽어야 할 시간, 읽는 자세, 읽는 장소를 정해주고 그대로 따르게 시키면 어떤 마음일지 생각해보는 거죠. 책을 읽으며 내 사고가 확장되고 열리는 것이 아니라 오히려 책이 나를 옥죄는 도구처럼 다가올지도 모르겠습니다. 아이도 마찬가지입니다.

본래 책을 읽는다는 것 자체가 매우 주체적인 행위입니다. 책 고르기, 책 읽을 자리 정하기, 책 펼치기, 내 속도대로 책장 넘기기, 때론 앞으로 돌아가서 읽기, 읽다 멈추고 생각하기 등 이 모든 것이 스스로의 의지대로 이뤄져야 합니다. 한 사람이 주도적으로 행해야 하는 일인 거죠. 책 읽기가 주도적으로 해야만 가능한 일이라면

책을 다루고 읽는 모든 과정도 스스로 판단해 경험하게 해야 지속
적 읽기가 가능하고 주체적인 독자가 될 것입니다.

읽어도, 읽어도, 또 읽고 싶어

앞서 유창하게 소리 내 읽을 줄 알아야 묵독이 가능하다는 이야기를 했습니다. 음독 다음에 묵독은 자연스러운 현상이지요. 그런데 묵독이 가능해지면 갑자기 추천되는 독서법이 있습니다. 바로 다독인데요. 말 그대로 많이 읽기를 권한다는 것이죠.

어떤 일을 처음 시작하면 익숙해지는 데 먼저 집중해야 합니다. 그러다 익숙해지고 능숙해지면 그 행위를 반복하게 되고, 또 자주 하게 되죠. 예를 들어 처음 운전을 배우면 자동차 기능에 익숙해지기 위한 연습에 집중할 거예요. 도로 상황에 맞는 운전 방식도 연습하고, 그러다 능숙해지면 운전 자체를 즐기게 되겠죠. 갈 곳이 없는데 괜히 차를 끌고 나와 드라이브를 하거나 굳이 차를 가지고 가지 않아도 되는 곳에 차를 끌고 가기도 하고요.

독서도 마찬가지입니다. 읽는 행위가 익숙해지면 묵독이 시작되고 읽는 속도가 빨라집니다. 소리 내어 읽는 음독보다 당연히 빠를 수밖에 없겠지요. 속도가 빨라지니 뚝딱 책 한 권을 읽어냅니다. 그리고 다른 책을 또 펼쳐듭니다. 이야기의 서사에 한껏 취해 읽다가 이야기가 끝나버리면 후련함과 아쉬움이 동시에 찾아오기도 하는데, 이 기분을 또 느끼고 싶어 자연스럽게 이 책 저 책을 마구 읽습니다. 이 시기가 다독 혁명기입니다.

이 다독 혁명기는 많은 이점을 줍니다. 우선 읽기 자체를 능숙하게 도와줍니다. 많은 분들이 빨리 읽어내는 걸 무조건 나쁘다고 생각하지만 이 또한 읽기에 능숙해지기 위해 어느 정도 경험해야 하는 부분입니다. 빠르게 완독하는 경험은 상당한 성취감을 주거든요. 독자로서의 유능감도 경험하게 하고요.

또한 많은 책을 읽다 보면 자연스럽게 장르 문법에 익숙해집니다. 이야기가 어떻게 시작돼 진행되고 결말까지 도달하는지 알게 되는 것이지요. 이 서사의 줄기가 독자에게 자연스럽게 내재돼 있어야 고학년 때 자주 만나는 약간은 복잡한 동화, 서사가 지연된 동화, 은유, 함축 등이 많은 동화를 읽어낼 수 있습니다. 결국 이 시기는 풍성한 독서를 경험하는, 독자로서 한 번쯤 지나야 할 혁명기라 생각하고 잘 누리도록 도와줘야 합니다.

물론 묵독을 잘 하는데도 다독을 하지 않는 아이도 있습니다. 이런 경우 재밌는 책을 자주 만나지 못해서 그럴 수 있습니다. 좋아야 계속되는 것처럼 정말 재밌게 읽은 책이 늘어나야 다음 책을 집어들 수 있습니다. 정말 재밌는 책을 만나지 못한 아이는 책을 읽어도 그만, 안 읽어도 그만입니다. 그러니 때때로 책을 집어들뿐이겠죠. 그래서 이런 시기에는 부모가 도서관에서 부지런히 책을 빌려와 재밌는 책을 만날 기회를 줘야 합니다.

읽는 속도 자체가 느려 다독 혁명기를 맞이하지 않는 아이도 있습니다. 본래 생각의 흐름이 느린 아이의 경우 그렇습니다. 이런 아이들은 모든 영역에서 느립니다. 책도 한 장 한 장 천천히 읽기 때문에 한 권을 완독하는 시간이 오래 걸려 다독 자체가 불가능할 수 있어요.

이런 아이들은 다음 책을 펼치기까지의 시간도 오래 걸려요. 한 권이 오랫동안 마음에 남아 있기 때문이기도 하고요. 마음에 훅 들어온 이야기를 소화할 시간도 필요하기 때문입니다. 이런 경우 꼭 다독하지 않아도 괜찮습니다. 천천히 읽은 한 권이 빠르게 읽은 서너 권만큼 효과를 낼 수 있으니까요.

이렇게 다독 혁명기는 음독에서 묵독으로 넘어갈 때 재밌는 책을 만난 경험이 늘어나면서 자연스럽게 맞이하는 건데요. 이때 빨리 읽기 현상이 나타나기도 합니다. 스스로 책을 읽을 수 있다는 자신감, 이야기는 재미있는 거라는 호감이 더해져 후루룩 읽거든요.

마지막으로 말씀드리고 싶은 것은 다독 혁명기가 영원하지 않다는 것입니다. 묵독이 시작된 이후로 1년에서 2년, 길어야 3~4학년까지 지속되는 경우가 많습니다. 고학년이 되면 읽는 책의 두께부터 달라지기 때문에 시간상 다독이 쉽지 않고, 다독을 꼭 해야 하는 것도 아닙니다. 그러니 한 권을 읽어도 제대로 읽어야 한다는 일반적인 독서 관념을 내세워 중도에 멈추게 하기보다 충분히 즐길 수 있도록 도와주세요.

PART 3.

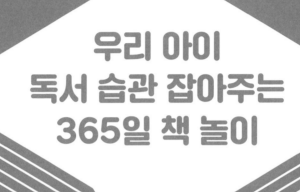

우리 아이
독서 습관 잡아주는
365일 책 놀이

6장.

엄마랑 아이랑
딱 66일만
책 함께 읽기

평생 삶의 기반을 만드는
초등 1학년 독서법

아이가 책을 재밌게 보면 한 가지 궁금증이 생기기 마련입니다. 독후 대화를 나눠야 하지 않나 싶은 것인데요. 독후 대화를 포함한 모든 독후 활동이 나쁠 리는 없습니다. 다만 너무 무리하지 않는 선에서 해야 합니다. 그래야 의미도 있고 독후 활동 때문에 책 읽기가 싫어지는 일도 막을 수 있습니다.

독후 대화에 대한 고민이 있으신 분들은 아이의 사고력을 확장시킬 수 있는 질문을 알려달라는 요청을 종종 하시는데요. 최고의 질문은 책 이야기와 나의 경험을 연결시켜 끊임없이 이야기 나누는 거예요. 재미있게 읽은 이야기를 내 경험으로 끌어와서 생각하는 순간 적극적인 사고 작용이 일어납니다. 단순한 질문 같지만 그렇지 않습니다. 당장 풍성한 대화를 하지 못하더라도 살아가면서 어떤 상황에 마주하면 그 질문이 다시 떠오를 테니까요.

부모가 함께 읽은 책이면 이야기 나누기가 더 수월하겠지만 사실 모든 책을 그럴 수는 없습니다. 그런 상황에서도 나눌 수 있는 질문이 필요하겠지요. 아래 질문을 참고해서 이야기를 나눠주면 좋습니다. 이 질문들은 너무나 중요하므로 이 책의 엄마랑 66일 동안 책 읽기에서 반복할 수 있도록 수록해 두기도 했습니다. 일단 여기서는 한번 훑어보세요.

1. 이야기 떠올리기
- 누구누구 나와?
- 어떤 사람이 제일 많이 나와?
- 그 사람이 뭐했는데?
- 어떤 말을 했어?
- 그래서 어떻게 됐어?
- 가장 많이 나온 사람 말고 다른 사람들은 뭐했어?

2. 이야기에 빠져보기
- 어떤 장면이 가장 생각나? 이유는?
- 너라면 그 상황에서 어떻게 했을 것 같아?
- 어떤 사람이 가장 생각나? 이유는?
- 네가 그 사람이라면 어떻게 했을 것 같아?
- 누가 가장 좋았어?
- 누가 가장 싫었어?

3. 나와 연결하기
- 책 읽다가 네가 겪었던 일 생각난 거 있어?
- 어떤 일이었는지 말해봐.
- 이 책 읽고 그 이야기가 왜 생각났어?
- 그때 마음은 어땠어?
- 책에 나온 사람하고 비슷한 사람을 알고 있어? 누구야? 어떻게 비슷해?

이야기를 떠올려보고, 이야기에 푹 빠져보고, 나아가 아이의 생활과 연결된 이야기를 나눠 보면 말 그대로 아이의 사고가 확장되는 경험을 할 수 있습니다. 셋 중 가장 중요한 것은 이야기 떠올려보고 말하기입니다. 이야기를 상기하며 말로 하다 보면 인물에 대한 감정이 또렷해지고요. 장면을 보면서 어떤 생각을 했는지 인지가 됩니다. 또한 자신이 겪은 일과 연결돼 어떤 감정이 떠오르거나 생각이 전환되는 등 사고 작용이 자연스럽게 일어나기 때문이죠. 그래서 이야기를 떠올려보기 위한 위 질문을 다소 딱딱하게 순서대로 하기보다 이야기를 확장하기 위한 첫 질문 정도로 생각하시고 자연스럽게 나눠보는 것이 좋습니다.

다음으로 이야기에 빠져보기 위한 질문은 주로 이야기에서 중요한 장면, 상황, 인물에 대해 나눠 보는 질문인데요. 이 질문도 책 내용을 다시 상기하게 돼서 책을 잘 이해하는 데 도움이 되고요. 줄거리가 아니라 아이 마음에 남는 장면과 상황, 인물을 떠올리는 것은 독자가 중심이 되는 적극적 활동이기 때문에 책이 아이 마음에 더욱 스며듭니다. 특히나 초등 1학년은 자기중심적 감상을 하는데 이것이 나중에 객관적 감상으로 연결되므로 감상을 신나게 이야기하게 해줘야 해요.

마지막으로 나와 연결하기는 가장 활발한 사고 작용이 가능한 질문입니다. 이야기책 속에는 나와 비슷한 인물, 비슷한 상황이 나오기 때문에 삶과 연결하기 좋습니다. 아이들도 봇물 터지듯 이야기를 하기도 해요. 그러다 보면 꼬리에 꼬리를 물고 이야기가 이어지고 아이의 삶, 우리 가족의 생활, 주변을 돌아보고 생각하게 됩니다. 책 읽기는 결국 나와 내 주변을 잘 돌보기 위한 것이라는 생각을 한다면, 꼭 필요한 대화겠지요.

크게 세 가지로 나눠 질문을 분류해 소개했는데요. 이 질문은 이해하기 쉽게 정리한 것일 뿐이지 실제로는 세 가지 내용을 넘나들며 마구 이야기하게 됩니다. 그리고 그것이 더 좋은 독후 대화일 수 있어요. 우리가 수다를 떨 때 스피치하거나 발표하듯 체계적으로 하지 않는 것처럼 독후 대화도 자연스럽게 이뤄져야 책의 의미가 더 선명해지고 다음 책을 읽고 싶은 마음도 커지겠죠.

질문은 대화를 위한 시작이기도 합니다. 어른은 질문하고 아이는 답하는 형태로 하기보다, 서로 대등한 독자의 입장으로 대화하는 것도 중요해요. '나는 이 이야기를 읽고 지난 번 네가 엄마에게 했던 말이 떠올랐어'처럼 어른도 질문에 대한 답을 하며 같이 주거니 받거니 해야 합니다. 말 그대로 대화니까요. 이제부터는 이 책의 핵심인 아이와의 365일 책 놀이를 하면서 등장할 분야별 책에 대해 간략히 소개하고 넘어가려 합니다.

1. 옛이야기

많은 분이 옛이야기는 세계명작과 더불어 5~6세부터 기본적으로 읽어야 한다고 생각합니다. 실제로 온라인서점에 등록된 옛이야기는 보통 4~7세로 분류돼 있고 전집을 출판하는 출판사도 대체로 5~6세를 대상으로 책을 만들고 마케팅을 합니다. 그래서 아마도 미취학 아이가 있는 가정이라면 구성이 적든 많든 옛이야기 전집이나 세트가 하나 정도는 있을 거예요.

옛이야기는 대체로 그림책 형태로 나오고 있어요. 이야기 구조가 단순하며 내용이 쉽고 문장도 짧습니다. 그래서 글자 습득 전 읽어주는 책으로 참 좋습니다. 그러나 옛이야기의 의미를 어느 정도 이해하며 읽으려면 7세부터 초등 1학년이 가장 적합하며 소재에 따라서는 2~3학년까지도 읽을 수 있습니다.

옛이야기는 우리가 잘 알듯 권선징악 구조여서 인간의 기본 도리에 대해 이야기하는데 이런 점에서 아이의 도덕성을 키워줍니다. 우리 전통문화도 자연스럽게 알게 해주고요. 조상들이 중요하게 여긴 가치나 삶의 태도를 은연중에 가르쳐 줍니다. 옛이야기는 읽어주는 것만으로도 의미가 있지만, 여러 활동을 함께하면 그 의미와 가치를 좀 더 느껴볼 수 있습니다.

2. 재미있는 이야기책

고학년이 돼도 읽는 아이들을 보면 대부분 이야기책을 좋아합니다. 이야기는 본래 우리가 사는 모습을 담고 있어 가장 친숙하게 다가오는 장르고요. 아이가 살면서 쌓아온 삶의 배경지식으로 읽는 책이라 대부분의 책은 이야기 서두만 잘 넘어가면 혼자 끝까지 읽을 수 있습니다. 물론 문학적 완성도나 재미가 떨어지는 책은 못 읽어서가 아니라 더 이상 읽고 싶지 않아 읽기를 그만둘 수도 있지만요.

초등 1학년 아이가 읽는 이야기책은 생활동화, 사실동화가 주를 이룹니다. 생활동화와 사실동화는 아이들 삶의 이야기를 환상적인 요소 없이 있는 그대로 담은 동화인데요. 대한민국 어딘가에서 살 법한 아이가 등장하기 때문에 공감하며 책장을 넘길 수 있습니다. 이야기에 등장하는 동생과 자주 싸우는 아이, 부모님 잔소리가 싫은 아이, 남모를 걱정이 있어 끙끙대는 아이 모두 자기 모습 같습니다. 아이는 이야기를 통해 만난 인물과 호흡하며 깔깔대고 자기처럼 느끼고 때론 위로도 받지요.

여전히 많은 분이 이야기책이 학습과 연결되지 않는다며 어느 시기를 넘기면 읽지 않기를 바라거나 이야기책만 붙들고 있는 아이를 보며 걱정하곤 합니다. 하지만 저는 이야기책을 평생 곁에 두고 사는 사람이라면 적어도 자기 삶을 스스로 위로하고 살 길을 찾아나갈 수 있는 사람이 될 거라고 확신합니다. 고학년만 되면 약속한 듯 삶에서 이야기책을 떼어내는 모습을 볼 때면 독서교사가 아닌 한 사람으로서 진심으로 염려가 됩니다.

이야기책은 우리 아이들이 평생 곁에 두고 읽는 책이 됐으면 합니다. 이야기책을 읽고 할 수 있는 독서 활동들도 참 많습니다. 재밌는 활동을 통해 이야기도 이해하고 더불어 자기 자신도 이해할 수 있으면 좋겠습니다.

3. 추리, 탐정 책

아이들이 빠져드는 동화에는 단연 추리와 탐정 이야기가 있습니다. 주인공이 어떤 걸 해결해나가는 구성 자체가 궁금증을 자아내고 몰입하게 하기 때문이죠. 한번 잡으면 이야기가 끝날 때까지 손에서 놓을 수 없기 때문에 추리, 판타지 동화를 재밌게 읽은 경험이 쌓이면 읽기 자신감도 자연스럽게 올라갑니다.

추리, 탐정 책은 그야말로 이야기의 매력을 한껏 느끼기 좋은 장르입니다. 초등 1학년 아이들 중에는 제법 두꺼운 추리, 탐정 이야기를 읽는 경우가 종종 있는데, 이야기가 지닌 매력 때문입니다. 정말 재밌으면 아이들은 다소 힘들다고 느껴도 두꺼운 책까지 읽어내려고 애씁니다. 바로 이때 읽기 실력도 훌쩍 성장합니다.

4. 판타지, 모험 책

판타지 동화는 현실이 아닌 환상 세계에서의 이야기를 다룬 동화입니다. 주인공이 다른 존재로 변신하기도 하고요, 다른 세계로 가기도 합니다. 최근에는 주인공이 마법의 공간에 잠시 다녀오는 설정의 판타지 동화, 음식을 소재로 한 판타지 동화가 많이 출간되고 있습니다. 어린 독자의 꾸준한 사랑과 관심을 받는다는 증거이기도 하죠.

판타지 동화는 본래 이전부터 많은 편견을 받던 장르입니다. 허무맹랑한 이야기, 비현실적인 이야기, 또는 현실에 별 도움이 되지 않는 이야기이기에 읽어도 그만, 안 읽으면 더 좋은 책이라는 생각을 하는 이들도 꽤 있었습니다. 판타지 동화만 읽는 아이를 못마땅하게 여기는 분들을 저는 지금도 종종 만나고 있습니다. 판타지 동화는 간단히 이야기하면 환상 세계를 통해 현실 세계를 더 또렷이 보게 하여, 그 현실에 안착하게 해주는 이야기입니다. 이를 기억한다면 판타지 동화에 빠진 아이를 오히려 응원하게 됩니다.

5. 사회 그림책

사회 그림책은 영역이 상당히 넓습니다. 우리가 사는 사회와 관련된 책이니 그럴 수밖에 없지요. 대표적으로 사회라고 하면 떠오르는 정치, 경제, 법 관련 책부터 가족, 직업, 인권을 다루는 책까지 있습니다. 더 나아가 지리, 역사도 모두 사회 영역입니다. 역사는 워낙 방대하여 따로 다루는 경우가 많고 이 책에서도 역사 그림책은 따로 이야기하려고 합니다.

사회 그림책 중 나에 대해 이야기하는 책은 나에 대해 탐구해 보거나 나를 소중히 여겨야 한다는 종류의 책이 있습니다. 다음으로 가족 이야기는 가족 관계에 대한 책, 호칭에 대한 책, 가족의 소중함을 말하는 책 등이 있습니다. 이웃에 대한 책은 이웃과 잘 지내는 법이나 다양한 이웃의 모습에 대해 소개하는 책이 있고요.

우리나라와 문화를 소재로 한 책은 나라에 대한 상식을 익히고 문화를 알아보도록 돼 있습니다. 인권 책의 경우에는 가난한 나라의 아이들, 난민 등의 다소 묵직한 주제도 있고 지금 우리 현실 속에서 아이들의 존중에 대해 말하는 책들도 있습니다. 그 외에 정치, 경제, 법은 돈을 잘 사용하는 법, 투표는 왜 하는지 등에 대한 간단한 개념을 주로 다루고 있습니다.

이렇게만 분류해 보아도 대체로 사회 전반을 다루는 이야기들이고 우리 아이들이 사회 속에 살기 때문에 당연히 만나보면 좋은 책들이라는 걸 알 수 있습니다. 먼 나라 이야기를 들려주는 책일지라도 지금 아이가 머무는 이곳에서 시작해 이야기를 풀어가고 너무 무겁지 않게 다루기 때문에 부담스럽지 않습니다.

굳이 교과와 연결하자면 사회 이야기는 초등 1~2학년 교육 과정의 통합 교과에서 배우는 영역들이기도 합니다. 이미 아이들은 학교에서도 나로부터 시작해 내 주변을 돌아보게 하는 이야기를 만나고 있는 것이지요.

6. 과학 그림책

사람은 누구나 호기심이 있습니다. 그래서 아기는 태어나면 자기 몸을 탐구하기 바쁘지요. 그러다 점점 주변을 궁금해 하며 관찰합니다. 보는 것마다 신기하고 질문하고 만지고 싶어 합니다. 과학은 우리 생활 주변의 것들 자체를 설명하거나 우리가 생활하며 경험한 다양한 현상의 원리를 말하는 책이에요.

그래서 사실 누구나 관심을 가질 법하지만 파고들면 또 쉬운 분야는 아니기에 막상 과학책을 읽는 아이는 많지 않을 거예요. 그래서 과학이 어렵게 느껴지지 않도록 한두 가지의 원리나 개념만을 천천히 풀어주는 과학 그림책을 읽어주면 좋습니다.

7. 인물 그림책

많은 부모들이 취학 전에 읽어야 하는 책 중 한 가지로 인물 책을 이야기하곤 합니다. 강연장에서도 언제쯤 인물 이야기를 읽어야 하는지 물어보시는 분이 종종 있습니다. 혹은 인물 이야기 읽기를 시도해 보았는데 아이가 그리 좋아하지 않아 고민이라는 이야기도 가끔 듣습니다. 저는 지금 인물 이야기라고 표현했는데 부모님들은 보통 위인전이라고 하시죠.

위인전 한 세트 정도는 읽어야 한다는 말을 지금의 부모 세대도 아마 한 번쯤 들었을 거라 생각합니다. 읽어야 한다는 당위 뒤에 따라오는 말은 위인처럼 훌륭해져야 한다, 본받아야 한다는 말이 아니었나 싶습니다. 그런데 이런 접근은 아이들로 하여금 위인전 읽기를 부담스럽게 만듭니다. 무엇보다 아이 시절은 타인을 우러러보고 공경하기보다 자기를 관찰하고 탐구하는 게 더 중요하지 않을까 합니다.

그럼 인물 이야기는 왜 읽을까요? 인물 그림책을 읽다 보면 이

세상에 얼마나 많은 삶의 형태와 일의 영역이 있는지 자연스럽게 알게 됩니다. 그리고 한 사람이 어떤 마음과 생각, 그리고 어떠한 가치관으로 삶을 살아갔는지 알게 되지요. 가치관이라는 어려운 단어는 모르지만 어렴풋이 느낄 수 있어요. 이 세 가지를 간접적으로 느끼면 될 뿐이에요.

무엇보다 한 사람이 자기 삶을 위해 애써온 과정은 결국 남을 위하는 일이라는 것도 알면서 삶의 위대함을 알게 될 거예요. 물론 삶은 위대한 것이라고 말해주지 않아도 되고, 말하지 않는 것이 더 좋습니다. 말로 하면 어려운 지침처럼 느껴지지만 책은 늘 그렇듯 자연스럽게 마음에 무언가 스며들게 해주거든요.

8. 환경, 동물권 그림책

환경 분야는 본래 과학 분야와 관련이 깊습니다. 환경은 지구상의 모든 생명체에게 영향을 미치기 때문에 인간, 동물과 밀접한데 이것이 과학 영역 안에 속해 있거든요. 그런데 워낙 과학 세부 갈래가 많아 환경을 따로 떼 환경과 밀접한 동물권과 함께 이야기하고자 합니다.

환경 그림책의 주제는 대체로 미세먼지, 자연파괴, 온난화, 미세 플라스틱, 일회용품, 쓰레기 문제, 황사 등입니다. 우리 생활과 매우 밀접한 문제들이죠. 기사나 뉴스가 이런 문제들의 심각성을 국가적 차원에서 건조한 문체로 직접 전달한다면, 그림책은 에둘러 약자 입장에서 감성적으로 전달합니다.

환경 그림책은 자연스럽게 우리 주변의 문제를 돌아보게 하고 마음을 움직이게 한다는 측면에서 이롭습니다. 무겁고 어려운 주제일 수 있는 동물권 그림책 또한 아이들이 받아들일 수 있을 정도로 소재를 재밌게 잘 풀어내고 있습니다. 그림책 자체의 특성이 그렇지만 이렇게 사회적 문제를 다룬 그림책은 0세부터 100세까지라는 그림책 모토에 잘 맞아 어른이 보기에도 좋고 또 어른도 봐야 하는 책입니다.

9. 역사 그림책

우리가 살아온 시간을 통해 앞으로 이렇게 살아갈시를 생각하게 하는 역사책 읽기는 읽고 말고를 판단할 영역이 아니라고 생각합니다. 세상에 당연한 것은 없겠지만 역사만큼은 어느 정도 알아야 자기 삶을 돌아볼 수 있습니다. 역사 속 인물에게 배울 수 있는 지혜를 비롯해 사람들이 만들어온 시간을 느끼다 보면 삶의 통찰력까지 얻을 수 있고요. 그러나 언제부터 역사를 책으로 읽어야 하는지에 대해서는 여러 가지로 생각해봐야 합니다.

널리 알려진 이론에 의하면 긴 시간의 흐름을 어느 정도 파악하여 연표 학습이 가능한 초등 4학년이 역사책을 읽기에 적합한 때입니다. 그 전에는 시간의 긴 흐름을 이해하는 것이 불가능합니다. 예전과 지금은 다르다 정도로만 인식합니다. 5~6학년이 돼서야 역사의 흐름을 보며 인과관계 판단이 가능합니다. 이때 비로소 흔히 역사를 공부한다고 했을 때 생각하는 통사 학습도 가능해집니다.

그렇다면 통사를 이해할 수 있는 5~6학년이 됐을 때 처음 역사책을 읽으면 될까요? 그렇게 해도 큰 문제는 없다고 생각합니다. 실제 교과에서도 3학년 2학기에 선사시대가 잠시 등장하지만 본격적으로 5학년 때 고조선부터 배웁니다.

이 책에서는 학습이 아니라 '역사 그림책 읽기'를 말하기 때문에 관점을 좀 달리하고 싶습니다. 역사 그림책은 감성적이고 잔잔하게 이야기를 끌어가는 경우가 많습니다.《고인돌 - 아버지가 남긴 돌》이나《숨바꼭질》의 경우 각각 청동기 시대와 한국 전쟁 시기를 배경으로 하는데, 그때 사건을 나열하듯 설명한 것이 아니라 당시 살았던 사람을 주인공으로 상황을 삽화와 짧은 문장으로 에둘러 표현했습니다.

이런 책은 저학년도 읽을 수 있도록 만들기 때문에 통사를 이해하지 못하더라도 볼 수 있는 것이지요. 오히려 이렇게 그림책으로 과거 이야기를 느껴보면 고학년이 돼서 통사 책을 읽을 때 좀 더 편안한 마음으로 읽을 수 있습니다. 장점을 말씀드렸지만 그렇다고 역사 그림책이 쉬운 책은 아닙니다. 역사 자체가 어느 정도 삶의 경험과 현실에 대한 고민, 더 나은 미래에 대한 열망이 있어야 관심이 가는 분야라서 용어 자체도 쉽지 않습니다.

다만 그림책 읽기는 모두 이해하기 위해 하는 것이 아니라 우리가 살아온 시간을 느껴보기 위해 하는 것이기에 아이에게 읽어주는 용도로는 괜찮습니다. 역사 그림책은 실제로 있었던 이야기라는 점만 알려주고 읽어주세요. 그리고 반드시 순서대로 읽어주지 않아도 됩니다. 초등 1학년은 어차피 긴 시간의 흐름 파악이 안 되기 때문에 그럴 필요가 없습니다. 중요한 건 아이들 마음의 순서입니다. 순서가 뒤죽박죽이어도 문제가 되지 않는다는 뜻입니다.

Day 01 ~ 42.

엄마와 함께하는
책 놀이

♦ 일러두기 ♦

본격적인 책 놀이에 앞서 부록에 제시된 도서 목록을 참고해 보세요.
보다 풍성한 책 놀이를 위해서요.

Day 01 전통 문화 알아보기

〈소금을 만드는 맷돌〉이나 〈빨간 부채, 파란 부채〉, 〈요술 항아리〉, 〈팥죽할멈과 호랑이〉, 〈으악, 도깨비다〉, 〈아씨방 일곱 동무〉, 〈흥부놀부〉, 〈해님달님〉과 같은 옛이야기에는 우리 전통 물건이나 문화가 많이 등장합니다. 맷돌, 부채, 항아리, 멍석, 장승, 바느질 도구, 박, 동아줄 등 아이들이 직접 보지 못했거나 잘 알지 못하는 것들이죠. 이야기책에는 이런 물건들이 주로 삽화로 그려져 있습니다. 책을 읽고 난 후 직접 사진을 찾아보면 생생히 느낄 수 있습니다. 함께 검색해 보며 쓰임새를 더 자세히 알아보아도 좋습니다.

옛이야기	내가 읽은 책 :

옛이야기에 등장한 맷돌, 부채, 항아리, 멍석, 장승, 바느질 도구, 박, 동아줄 등 물건들을 책을 읽고 난 후 직접 사진을 찾아서 생생히 느끼고, 그려보세요. 그리고 아래에 물건의 이름을 써보세요.

물건 이름 :

물건 이름 :

물건 이름 :

물건 이름 :

의성어, 의태어 따라 말하기

옛이야기에는 의성어와 의태어가 많이 등장합니다. '나무를 슬근슬근 벤다', '펄럭펄럭 부채질을 한다' '옆 집 마당을 기웃기웃 하는데' 등이 수시로 나옵니다. 의성어와 의태어가 나오는 부분은 일부러 운율을 넣어 읽어주세요.

읽어주며 아이가 그대로 따라하게 해도 좋습니다. 이야기의 재미가 한껏 더 느껴질 거예요. 또한 의성어, 의태어를 하나씩 또박또박 써보는 것도 좋습니다. 의싱어와 의태어는 같은 글자가 두 번씩 반복되는 형태가 많아 글자 연습하기에도 좋고 바른 글씨를 연습하기에도 좋습니다.

의성어와 의태어를 넣어 겪은 일을 문장으로 쓰는 것도 재밌습니다. 〈훨훨간다〉는 할아버지가 할머니에게 이야기를 들려주는 과정에서 많은 의성어와 의태어가 등장하는 옛이야기인데요. 의태어의 경우 같이 읽으며 몸으로 표현해 보면 이야기가 더 재밌게 느껴질 거예요. '슬금슬금 걷는다'는 문장을 읽고 실제로 해보는 식입니다.

옛이야기	내가 읽은 책 :

옛이야기에는 의성어와 의태어가 수시로 나옵니다. 의성어와 의태어는 같은 글자가 두 번씩 반복되는 형태가 많아 글자 연습하기에도 좋습니다. 아래에 옛이야기에 나온 의성어와 의태어들을 찾아 또박또박 써보세요.

Day 03 인물 한 사람 따라 그려보기

　옛이야기는 말 그대로 옛이야기이기 때문에 등장인물들이 옛 인물의 모습을 하고 있습니다. 옷차림은 물론 머리 모양이나 사용하는 물건 등이 모두 요즘 아이들에게는 낯선 것들이지요. 마음에 드는 인물 한 사람을 골라 그려보는 활동을 하면 그냥 스쳐 지나갈 수 있는 옛 옷차림과 머리 모양을 자세히 볼 수 있습니다.

옛이야기	내가 읽은 책 :

마음에 드는 인물 한 사람을 골라 그려보고, 특징을 떠올리며 새로운 이름을 지어주세요. 그리고 어울리는 미덕을 찾아 소개해 보세요. 용기, 지혜, 유머, 성실, 노력 같은 의미 있는 가치들 중에 왜 그걸 선택했는지 설명해 보기로 해요.

원래 이름 :   내가 지은 이름 :

용기   너그러움

지혜   사랑

유머   겸손

성실   다정함

노력   감사

열정   예의

참을성

이 사람은 _____ 한 사람이다

왜냐하면 _____

_____ 이다

인물 이름 새로 지어보기

옛이야기에 등장하는 인물들은 이름이 없이 할아버지, 할머니, 원님, 노인, 막내, 누나, 농부, 형, 아우, 아씨, 나무꾼 등의 호칭으로 표현되는 경우가 많습니다. 혹은 주먹이, 반쪽이, 방귀쟁이처럼 인물의 특징을 바탕으로 지은 이름을 가지고 있기도 해요. 이 인물들 이름을 새로 지어보는 것도 재밌는 활동이 될 수 있습니다.

이름을 지으려면 캐릭터의 외모, 성격, 특징 등을 잘 이해해야 하기 때문에 자연스럽게 내용을 상기해 보려고 노력합니다. 이름을 잘 짓고 싶어 자연스럽게 책을 다시 보기도 합니다. 아이들이 책을 읽을 때 잘 읽었으면 하는 마음에 제대로 읽으라는 말을 참 많이 하시는데 사실 의미가 없는 말이에요. 이름 짓기처럼 재밌는 활동을 하면 아이 스스로 책을 다시 보게 되고, 그것이 곧 잘 읽는 것이에요.

옛이야기

옛이야기에 등장하는 인물들은 할아버지, 할머니, 원님, 노인, 막내, 누나, 농부, 형, 아우, 아씨, 나무꾼 등의 호칭으로 표현되는 경우가 많습니다. 주먹이, 반쪽이, 방귀쟁이처럼 특징 바탕으로 지은 이름을 갖고 있기도 해요. 이런 인물의 이름을 새로 지어보세요.

책에 나온 호칭 :	내가 지은 이름 :

이 이름으로 지은 이유는?

내가 지은 이름을 보고 인물이 뭐라고 말할까?

인물의 미덕 찾기

사전에는 미덕이 '아름답고 갸륵한 덕행'이라고 설명돼 있습니다. 인간은 누구나 더 나은 사람이 되기 위해 의식, 무의식적으로 노력해야 하는 존재가 아닌가 하는데요. 옛이야기 속 주인공과 등장인물 중 '선善'에 해당하는 인물은 이를 매우 적극적으로 실천한 사람들입니다. 물론 일반 생활동화 속 인물 중에도 미덕을 갖춘 인물이 있습니다. 그런데 옛이야기는 많지 않은 등장인물이 하나의 사건을 중심으로 선과 악으로 대응하는 간결한 구조를 전면에 보여주기 때문에, 인물의 미덕이 갖는 가치가 아이에게 더 잘 전달됩니다.

아이에게 미덕이 있는 인물을 찾아 어떤 미덕이 있는지 말해보도록 합니다. 1학년 아이에게 미덕이라는 개념은 어렵기 때문에 다음 표 안의 단어를 제시하고 인물에게 어울리는 것을 찾게 해주시면 좋습니다.

혹시 미덕 단어들 중 어려워하는 것이 있다면 쉽게 풀어 설명해주세요. 새로운 단어를 배울 기회가 될 수 있습니다. 무엇보다 미덕 단어들은 모두 추상어인데, 설명을 듣고 인물의 구체적 특징이나 행동과 연결해 생각해 봄으로써 이해하는 데에도 도움이 됩니다.

옛이야기	내가 읽은 책 :

미덕은 그 사람이 갖고 있는 소중하고 귀한 가치예요. 옛이야기 속 등장인물 중에 한 명을 골라 그 사람만의 미덕을 찾아보세요. 아래 표 안의 단어 중에서 인물에게 어울리는 것을 고르고, 그걸 고른 이유를 써봅니다.

용기	지혜	유머	성실	노력
열정	너그러움	사랑	겸손	다정함
감사	예의	참을성	순수함	상냥함

그 사람에겐 어떤 미덕이 있나요?

그렇게 생각한 이유는 무엇인가요?

Day 06 오늘날과 맞지 않는 내용 찾기

옛이야기는 우리가 지켜온 가치를 잘 보여주지만 세상은 계속 변화하고 있기 때문에 현실과는 어울리지 않는 내용도 있습니다. 명확한 주제를 앞세우다 보니 다양한 가치를 인정하기보다는 한 가지를 절대 가치로 삼아 이야기하기도 합니다.

흔한 예로 〈심청전〉의 심청이 부모를 위해 자기 목숨까지 바치는 것, 〈흥부놀부〉의 흥부가 자신의 노력이 아닌 한 번의 선행으로 부자가 된다는 것 등이죠. 그래서 옛이야기를 읽은 후에는 아이들과 이 부분에 대해서도 나누어야 합니다.

'이해되지 않는 내용이 있었어?' '지금 지키기 힘든 것이 있다면 무엇일 것 같아?' 등 일반적으로 할 수 있는 질문도 좋고요. '흥부처럼 한 번의 착한 일로 부자가 된다면 나쁜 점은 없을까?'처럼 구체적으로 물어봐도 좋습니다. 독서교육 이론에서는 비판 능력이 생기는 시기로 보통 고학년을 이야기하는데, 논리적이고 날카로운 비판은 할 수 없을지 모르나 1학년도 자기만의 의견과 생각은 가지고 있습니다. 옛이야기를 읽고 이런 질문을 던지면, 이야기는 마냥 수용하는 것이 아니라 다양하게 생각하고 판단해 볼 수 있다는 것을 자연스럽게 알려줄 수 있습니다.

옛이야기

옛이야기는 우리가 지켜온 가치를 잘 보여주지만 세상은 계속 변화하기 때문에 현실과 어울리지 않는 내용도 있습니다. 아래 질문에 답하며 그런 내용들을 찾아보세요.

1. 요즘과 달라진 부분은
   무엇인가요?

2. 그렇게 생각한 이유는
   무엇인가요?

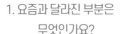

3. 내용을 바꿀 수 있다면 어떻게 바꿀래요?

Day 07 주인공 소개하기

비슷한 삶을 살며 비슷한 고민을 가진 또래 아이가 등장하는 책을 읽고 주인공을 소개하는 활동은, 사실 우리 주변의 아이들에게 관심을 기울여 볼 수 있는 활동이기도 합니다. 주변에 있을 법한 아이니까요.

종이를 한 장 마련해 가운데 인물을 그립니다. 그리기를 싫어하는 아이라면 억지로 그리지 말고 인물 실루엣만 간단히 그려주시고 눈, 코, 입만 직접 그려보게 하면 좋습니다. 그리고 인물 주변에 인물 소개를 씁니다. 이름, 나이, 고민, 성격, 가족 관계, 특징, 했던 일, 했던 말 등을 쓰면 됩니다.

책에 나온 정보 그대로 쓰는 것은 책 이해를 확인해볼 수 있는 활동이고, 성격이나 특징을 쓰는 것은 인물이 한 일 등을 통해 추론해야 하기에 추론 능력도 키울 수 있는 활동입니다. 고차원의 추론은 고학년이 되어야 가능하지만, 인물의 성격이나 특징 정도는 1학년도 말할 수 있습니다.

이야기책	내가 읽은 책 :

종이 한가운데 인물을 그립니다. 실루엣만 간단히, 직접 그려보고, 그 주변에 인물 소개를 씁니다. 이름, 나이, 고민, 성격, 가족 관계, 특징, 했던 일, 했던 말 등을 쓰면 돼요.

이름 :

성격 :

나이 :

특징 :

고민 :

가족관계 :

했던 일

했던 말

Day 08 고민 상담소 열기

　　이야기의 주인공은 보통 걱정이나 고민거리를 가지고 있습니다. 동생이 너무 얄밉다거나 엄마 아빠가 다퉜다거나 친구가 자신을 미워하는 것 등 일상에서 자주 마주하는 고민이죠. 이런 인물들의 고민을 정면으로 마주하는 것은 일상의 문제 해결력을 키우는 데에도 도움이 됩니다.

　　종이에 말풍선 두 개를 크게 그려놓고, 주인공 입장에서 고민이 무엇인지 한두 문장 씁니다. 그리고 이이기 상담자가 되어 그 고민에 대한 답을 또 한 두 문장으로 씁니다. 쓰기 어려워한다면 '안녕하세요. 상담사 000입니다. ~고민이 있군요. 마음이 ~할 것 같아요. 그건 ~해 보면 어떨까요?'라는 식으로 문장 형태를 알려줘도 좋습니다.

　　주인공의 고민을 써보면 이야기의 핵심을 인지할 수 있습니다. 상담 내용을 쓰는 활동을 하면 인물과 호흡하며 자기 삶의 문제도 돌아보고 해결할 수 있는 힘도 키울 수 있습니다.

이야기책

이야기의 주인공은 보통 걱정이나 고민거리를 가지고 있습니다. 책에 나온 주인공의 고민을 해결해 볼까요? 인물의 고민을 인물이 말하듯이 쓰고, 해결 방안도 적어주세요.

고민이 있습니다!

저는

고민상담소

☺ ♡ ✋ 안녕하세요. 저는 상담사 _____ 입니다

Day 09 주인공에게 시 낭송해 주기

시는 짧지만 강렬합니다. 시집을 무심코 펼쳤다가 한 구절, 또는 한 편에 무너져 내려 본 경험이 있는 사람이라면 그 힘을 알고도 남을 거예요. 시집을 주며 동화 속 주인공에게 읽어주고 싶은 시를 골라 보라고 하면 여러 가지 시를 자연스럽게 감상하다가 어느새 잘 골라냅니다.

가끔은 조금 어울리지 않는 것 같아 아이와 대화를 해 보면 또 나름의 이유가 있을 때가 있습니다. 중요한 것은 인물의 처지와 상황을 헤아리기 위해 애썼다는 것, 그 인물에게 읽어줄 시를 고르며 인간을 향한 태도가 어떠해야 하는지 느껴본다는 거예요.

그럼 시집은 어떻게 고를까요? 매우 간단합니다. 도서관 시집 코너에 가면 만날 수 있는 시집 중 아무것이나 골라오면 됩니다. 어떤 시집에서 책 속 인물에게 딱 맞는 시를 찾게 될지는 모르니까요. 그럼에도 막막하신 분들이 계실 것 같아 몇 권의 시집을 소개합니다.

- 박혜선 외, 《똑똑 마음입니다》, 뜨인돌어린이, 2019
- 김개미, 《어이없는 놈》 문학동네, 2013
- 문현식, 《팝콘 교실》, 창비, 2015
- 우시놀, 《나는 오늘 착하게 살았다》, 어린이시나라, 2022
- 권오삼, 《라면 맛있게 먹는 법》, 문학동네, 2015

이야기책	내가 읽은 책 :

책 속 인물에게 낭송해 주면 좋을 시를 골라 보세요. 인물의 고민이 무엇이 었는지를 떠올려보고, 어울리는 시를 써주면, 큰 위로가 될 거예요.

고민이 있습니다!

저는

인물에게 보내는 시 한 편

책 속 어휘 놀이

이야기책은 아름다운 어휘, 고급 어휘를 가장 손쉽게 만날 수 있는 장르입니다. 꽃밭을 거닐고 있는데 갑자기 팔랑거리며 오는 나비처럼, 책을 읽다 보면 좋은 어휘들이 불현듯 스쳐가죠. 이야기책만 잘 읽어도 자기 안에 많은 어휘를 담을 수 있습니다.

다만 어린 독자는 물론 어른 독자도 책을 읽어나갈 때는 스토리에 집중하기 때문에 어휘 하나하나에 집중하진 못합니다. 심지어 그런 단어가 나왔는지 기억이 나지 않을 때도 있습니다. 그래서 가끔은 어휘 놀이를 따로 해 보는 것도 좋은 어휘 활동이 될 수 있습니다. 재밌게 읽은 책을 다시 펼쳐보면서 좋은 어휘 찾기를 하면 되는데, 그냥 찾자고 하면 너무 막연하니 기준을 주면 좋습니다.

오늘 꼭 사용해 보고 싶은 단어, 다른 사람에게 선물해 주고 싶은 단어, 기억하고 싶은 단어, 마음에 들지만 의미를 잘 몰라 찾아보고 싶은 단어 등을 함께 찾아보세요. 두꺼운 종이를 명함 크기로 잘라 어휘 카드를 하나하나 만들어 가면 아이만의 어휘 수집을 할 수 있습니다. '무지 카드' '공 카드' '명함 종이' 등의 키워드로 검색하면 저렴한 가격에 종이를 구할 수 있으니 활용해 보셔도 좋습니다.

이야기책	내가 읽은 책 :

이야기책에 실린 표현 중, 오늘 꼭 사용해 보고 싶은 단어, 다른 사람에게 선물해 주고 싶은 단어, 기억하고 싶은 단어, 마음에 들지만 의미를 잘 몰라 찾아보고 싶은 단어를 적어 보세요.

사용해 보고 싶은 단어

기억하고 싶은 단어

선물하고 싶은 단어

뜻이 궁금한 단어

Day 11 일일 탐정 되어보기

어린 독자들은 추리와 탐정 이야기를 읽을 때 무조건 수용하거나 스토리를 수동적으로 따라가는 형태로 읽지 않습니다. 자신도 모르게 다음 장면을 상상하면서 읽습니다. 자신이라면 어떻게 했을지 생각하며 이야기를 읽어나가면 재미가 배가 됩니다.

그래서 다 읽은 후 '내가 탐정이라면?' 혹은 탐정이 아니더라도 내가 만약 범인을 잡는 사람이라면 어떻게 했을지 이야기 나누어 보세요. 이유를 함께 말하면 더 자세히 설명할 수 있습니다. 자신의 상상대로 이야기를 바꾸었을 때 이야기의 결말은 어떻게 될지도 이야기 나누어 보세요. 이야기를 읽은 후 느낌을 말하라고 하는 것보다 더 적극적으로 감상하는 방식이 될 수 있습니다.

추리, 탐정 동화	내가 읽은 책 :

내가 탐정이라면 어떻게 행동했을까? 혹은 탐정이 아니더라도 내가 만약 범인을 잡는 사람이라면 어땠을까? 책에 나온 탐정과 다르게 행동하고 싶었던 부분을 상상하며 써보세요.

내가 탐정이라면 어땠을까?

그 이유는?

그럼 결말이 어떻게 달라졌을까?

Day 12 범인 프로파일하기

범인의 프로파일을 작성해 보는 것도 재밌는 활동입니다. 종이를 마련해 한가운데 범인의 모습을 그립니다. 그리고 주변에는 책에 나온 범인의 정보를 씁니다. 이름, 나이, 생김새, 특징, 가족 관계, 저지른 일, 사건일지 등을 기록하면 됩니다. 스토리 책은 인물을 분석하는 일이 이야기 자체를 이해하는 일이기도 한데, 범인 프로파일을 작성하면 이야기를 더 꼼꼼히 들여다볼 수 있습니다.

범인의 프로파일을 작성해 보세요. 종이 한가운데 범인의 모습을 그립니다. 그리고 주변에 책에 나온 범인의 정보를 씁니다. 이름, 나이, 생김새, 특징, 가족관계, 저지른 일, 사건을 기록하면 됩니다.

사건일지

이름 :

나이 :

생김새 :

특징 :

가족관계 :

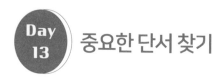
중요한 단서 찾기

범인을 잡거나 사건을 해결하는 데 중요한 단서가 있기 마련입니다. 어떤 물건이 될 수도 있고, 장소, 사람이 될 수도 있고요. 또는 누군가의 말이 될 수도 있겠죠. 범인을 유추하거나 잡는 데 있어 중요한 것을 질문해 보세요. 스토리 중심으로 쭉 따라 읽기만 했던 아이도 다시금 책 내용을 상기하며 고민하는 모습을 보일 거예요. 단서는 '어떤 일이나 사건이 일어난 까닭을 알아낼 수 있는 중요한 것'이라는 설명도 잊지 마세요.

1학년 부모님들이 독서 후 생각을 확장할 수 있는 방법이 무엇인지 물어보시곤 합니다. 저학년은 이렇게 책 내용 자체를 여러 형태로 곱씹어 보게 하는 것이 최고의 방법이에요.

범인을 잡거나 사건을 해결하는 데 중요한 단서가 됐던 것을 기억해 써보세요. 어떤 물건이었을 수도 있고, 장소, 사람이었을 수도 있지요. 또는 누군가의 말이었을 수도 있겠죠.

＊단서란, 어떤 일이나 사건이 일어난 이유를 알아내는 데 중요한 것

단서 1
이유는 :

단서 2
이유는 :

시리즈 이야기 써보기

추리나 탐정 이야기는 주로 시리즈로 나옵니다. 보통 2권, 3권에서도 1권과 같은 주인공과 주변 인물이 등장하는 경우가 많습니다. 또는 약간의 인물이 추가 되는 정도입니다.

드라마를 볼 때 1~2회 정도는 어떤 인물이 등장하는지 대강 보여주고 그들의 특성이나 관계를 그려주는데, 책도 마찬가지입니다.

그래서 1권에서 만난 인물들이 2권, 3권에서 또다시 등장하는 시리즈 도서는 읽기 능력 성장에도 큰 도움을 주는 책입니다. 특히 시리즈를 읽어나가는 동안 이야기는 대체로 어떻게 흘러가는지 자연스럽게 배울 수 있습니다.

이를 바탕으로 아이가 직접 다음 시리즈를 써 보는 활동을 해보면 좋습니다. 물론 전문 작가와 이제 막 글씨를 쓰는 1학년 아이와는 편차는 클 수밖에 없지요. 줄거리를 쓰듯이 사건의 시작 - 과정 - 결말을 각각 한 문장씩 세 문장만 써도 충분합니다. 이렇게 재밌는 이야기를 스스로 만든다는 것은 표현방식 중 한 가지를 가르쳐 주는 일이기도 합니다.

추리, 탐정 동화	내가 읽은 책 :

추리나 탐정 이야기는 주로 시리즈로 나옵니다. 물론 한 권으로 끝나기도 하지만 세 권에서 많으면 열 권 이상까지 출간됩니다. 읽은 내용을 바탕으로 다음 이야기 한 편을 써볼까요? 여러분이 작가가 됐다 생각하고 이어질 이야기를 완성해 보세요.

등장인물 :

어떤 일이
벌어졌지?

해결하기
위해
어떤 노력을
했지?

그래서 결국
어떻게
됐지?

주인공의 고민 헤아려보기

　판타지 동화 속 주인공은 모두 고민이 있습니다. 매우 유명한 모리스 샌닥의 판타지 그림책《괴물들이 사는 나라》의 주인공은 엄마와 감정적으로 대립하는 상황에 있습니다.《레기, 내 동생》의 주인공은 동생이 너무 미워 어쩔 줄 모릅니다.《한밤 중 달빛식당》의 주인공은 엄마를 잃어 깊은 슬픔에 잠겨 있어요.

　이처럼 판타지 동화 속 주인공이 처한 상황이 무엇인지 이야기를 나누어 보세요. 이야기에 명확히 드러나 있으면 또렷이 말로 표현해 볼 수 있고요, 상황만 은근히 제시되어 있다면 거기에서 인물의 고민을 찾아내며 그것이 이야기 이해의 중요한 한 요소라는 것을 배울 수 있습니다.

판타지, 모험 동화

내가 읽은 책 :

판타지 동화 속 주인공은 모두 고민이 있습니다. 동화 속 주인공이 처한 상황이 무엇인지 이야기 나눠 보고, 여러분이 주인공이 되어 고민이 무엇인지 써보세요.

제 고민은요...

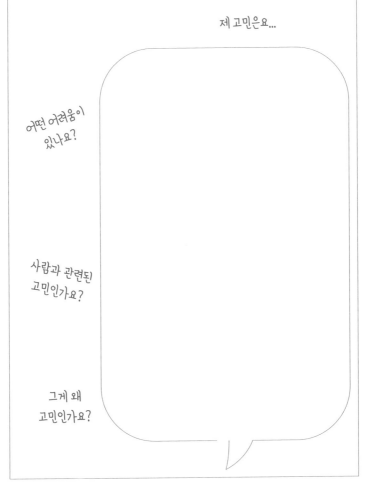

어떤 어려움이 있나요?

사람과 관련된 고민인가요?

그게 왜 고민인가요?

Day 16 현실과 환상 공간 구분해보기

이야기에서 어디까지가 현실이고 어디까지가 환상인지 대화를 나누어 보세요. 환상 세계는 현실 세계와 무엇이 달랐는지, 그 공간을 통해 주인공은 어떻게 변화했는지도 나누어 보세요. 《괴물들이 사는 나라》에서 현실 공간은 아이의 방이고, 환상 공간은 괴물 나라입니다. 《한밤 중 달빛식당》에서 현실 공간은 아빠와 함께 있는 식당 밖이고, 환상 공간은 달빛 식당이에요. 그 환상 공간에서 인물은 힘을 얻고 희망을 봅니다.

이렇게 판타지는 환상 공간 속에서 현실을 바로 보게 하기에 두 공간은 긴밀하게 연결되어 있습니다. 현실 공간과 환상 공간을 나누고 그 곳에서 어떤 일이 일어났는지 이야기하다보면 어린 독자들도 두 공간의 의미를 어렴풋이 깨닫게 될 거예요.

판타지, 모험 동화 | 내가 읽은 책 :

이야기에서 어디까지가 현실이고 어디까지가 환상일까요? 판타지, 모험 동화 속에는 현실 공간과 상상 속 공간이 있어요. 어디까지가 현실이고 어디까지가 상상인지 구분하고, 그곳에서 일어난 일을 그림으로 그리거나 써 보세요.

현실 세계

상상 세계

나만의 환상 세계 만들어보기

이야기는 결국 아이 독자 자신과 주변을 돌아보게 합니다. 판타지 동화를 읽고 주인공의 고민을 들여다보면 자신의 고민이 떠오를 수밖에 없을 거예요. 그 고민을 해결해 줄 나만의 환상 세계를 상상해 보는 활동을 해보세요.

어떤 고민을 해결해 주고, 어떤 소원을 들어주는 곳인지 재밌게 이야기를 나누어 주세요. '지금 너는 어떤 고민이 있어?' '어떤 소원이 있어?'의 질문으로 시작해 '그걸 해결해 주는 마법의 공간은 어떤 곳이면 좋겠어?' 로 이어나가면 됩니다. 그 공간을 마음껏 그려 보면 더 좋습니다.

판타지 동화가 보통 환상의 세계나 공간을 제시하는데 가끔은 물건이 제시되거나 주인공이 변신함으로서 문제가 해결되는 구조도 있습니다. 또는 어떤 특정 음식이 문제를 해결해 주기도 합니다. 《레기, 내 동생》에서는 동생이 쓰레기로 변신하고, 《똑 부러지게 결정 반지》에서는 결정을 도와주는 반지가 등장합니다. 《미운 맛 사탕》에서는 미운 사람을 기절 시키는 기절 사탕이 등장하지요. 이런 요소들을 아이도 찬찬히 상상해 보게 해주세요. 이야기가 더 재밌게 느껴질 거예요.

판타지, 모험 동화 　　내가 읽은 책 :

여러분은 지금 어떤 고민이 있나요? 그 고민이 어떻게 해결되면 좋을지를 상상해 보세요. 우선 고민되는 내용을 써보고, 고민을 해결해줄 마법 같은 공간이나 물건 등을 찾아보고, 그래서 고민이 해결되면 어떤 기분이 들지도 생각해 보기로 해요.

나의 고민 또는 소원은

고민을 해결해줄 마법의 공간, 음식, 물건은?

그래서 고민이 어떻게 해결됐을까?

Day 18 세상 속의 사람들 종이인형 놀이

개인적으로는 문학 다음으로 사회책 읽기를 아이들에게 권하고 싶습니다. 우리가 살면서 직접 만나지 못한 사람들을 사회책을 통해 만났다면 그 사람들에게 조금 집중해 보아도 좋겠지요.

두꺼운 종이를 사람 모양으로 오려 주세요. 오리기 어렵다면 학토재 사이트에서 판매하는 유앤아이 사람 모양 종이를 구입하셔도 좋습니다. 책을 읽고 한 쪽 면에는 그 사람을 그려봅니다. 책을 보고 얼굴 정도만 따라 그려도 좋습니다. 몸통 부분에는 그 사람에 대한 정보를 씁니다. 이웃 아이가 나온 동화라면 그 아이의 특징, 성격 등을 쓰면 될 거고요. 어른이라면 그 어른의 직업을 써 주세요.

이 활동은 책 한 권을 읽고 해도 좋지만, 나, 가족, 이웃, 친구를 다룬 책을 읽으며 책에 나온 인물을 하나씩 모아보는 형태로 해도 좋습니다. 재밌게 읽으면서 하나씩, 하나씩 그린 것을 다 모으면 무엇이 될까요? 바로 나와 내 이웃들이 모두 모이게 되는 거예요. 그 인형을 줄줄이 이어 붙여 벽에 붙여 보아도 좋고, 스케치북을 펼쳐 한 면에 들어가는 만큼 붙여 이 세상을 꾸며보아도 좋습니다. 붙인 사람 모양 주변으로 어울리는 배경을 그리면 그야말로 다양한 사람들이 모인 우리가 사는 세상이 완성될 거예요.

사회책(나, 가족, 이웃, 친구)   내가 읽은 책 :

사회책에는 그야말로 세상 모든 사람들이 등장해요. 가깝게는 가족부터, 이웃, 그리고 저 먼 나라 사람들까지요. 나, 가족, 이웃, 친구가 나온 책을 읽고 책에 나온 사람에 대해 간단히 써보세요. 책을 보고 얼굴도 따라 그려 보세요.

이름은?

직업은?

고민은?

특징은?

Day 19 이웃 만남 일기

우리는 매일 타인을 만납니다. 아이도 학교, 학원, 동네에서 이웃을 만나요. 그래서 책을 읽다보면 '이건 나의 이야기와 비슷해'라는 느낌도 받지요. '이 인물은 내 주변의 누구하고 비슷하다'는 느낌도요. 책 밖으로 나서서 진짜 내 이웃과 있었던 일을 쓰게 해 주세요. 친구하고 있었던 일, 동네에서 자주 만나는 분에 대한 이야기, 친척과 있었던 일 등을 쓰면 좋습니다.

사회책 (나, 가족, 이웃, 친구) | 내가 읽은 책 :

책을 읽다 '이건 내 얘기 같다'는 느낌도 받지요. 책 밖으로 나가 진짜 내 이웃과 있던 일을 써보세요. 친구하고 있었던 일, 동네에서 자주 만난 분에 대한 이야기, 친척과 있던 일 등을 쓰면 좋습니다.

| | 년 | 월 | 일 | ☼ ◯ ☂ ❄ |

Day 20 · 직업 주사위 만들기

직업 도서는 직업의 다양성을 알려줌과 동시에 모두가 우리에게 고마운 존재라는 것, 나아가 편견 없이 생각해야 한다는 것까지 넌지시 알려줍니다. 지식 그림책만의 가치는 바로 이 지점에 있습니다. 단순히 정보만 알려주는 것이 아니라, 책을 읽어나가는 과정에서 자연스럽게 어떤 관점을 갖게 되거나 자기만의 생각을 갖게 도와주는 것이죠. 또한 우리 주변에서 만나는 사람도 있지만 아이기 만나보지 못한 직업도 만나볼 수 있는 것이 직업 도서입니다.

빈 우유곽 등을 활용해 네모 종이 주사위를 만들어 주세요. 그리고 각 면에 하나의 직업인을 그려봅니다. 이 역시 한 권의 책이 아닌 여러 권의 책을 읽고 찾아서 하면 좋습니다. 만든 후에는 주사위를 던져서 나온 직업인에 대한 소개를 해 보는 시간을 갖습니다. 가족과 함께 하면 재밌는 시간이 될 수 있어요. 주사위를 2~3개 만들어 가족이 동시에 던진 후 한 사람씩 차례대로 해 보아도 좋습니다.

네모 종이 주사위를 만들어 주세요. 그리고 각 면에 하나의 직업인을 그려 봅니다. 한 권이 아닌 여러 권의 책을 읽고 찾아 그리면 더 좋습니다. 만든 후에는 주사위를 던져 나온 직업인에 대해 소개해보는 시간을 갖습니다.

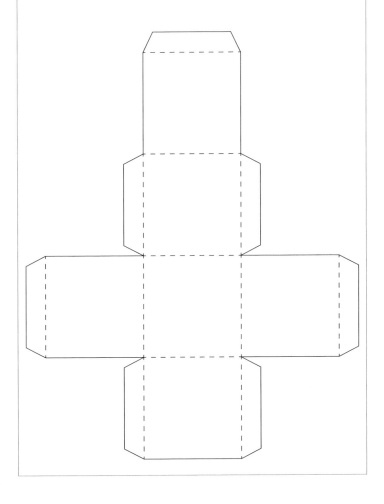

우리 동네 직업인 관찰일기 쓰기

아이들과 장래에 소망하는 직업에 대해 이야기하다 보면 직업에 대해 잘 모르기도 하지만, 편견도 많다는 것을 알 수 있습니다. 은연중에 선호 직업, 비선호 직업을 가르고, 그 직업에 대한 편견을 사회가 심어주니까요. 그 결과 막연히 선망하거나 반대로 이유 없이 거부합니다. 이런 시각은 직업은 물론 사람에 대한 비존중으로 이어질 수 있어 조심해야 합니다.

아이들이 직업인을 바로 보고 모든 일은 소중하며, 존중해야 한다는 것을 알려주어야 합니다. 그 방법 중 한 가지는 가까이서 만나는 우리 동네 직업인을 관찰해 보는 거예요. 그리고 그분들의 모습을 짤막하게 써보게 합니다. 예를 들어 치과에 갔을 때 만난 간호사가 하는 일, 하는 말 등을 관찰하고 본 대로, 들은 대로 써 보는 것입니다. 그것만으로도 직업인의 수고에 감사하는 마음이 절로 들고 무엇보다 직업마다 어떤 일을 하는지, 어떻게 하는지 관념으로만 알고 오해하는 것을 경계할 수 있습니다.

사회책 (직업)	내가 읽은 책 :

직업인은 우리 주변에서 쉽게 만날 수 있습니다. 집 앞 슈퍼 계산원, 의사와 간호사, 학교 선생님, 버스 기사님, 경비 아저씨, 음식 배달원, 무엇보다 우리 부모님까지 다양한 직업인들을 관찰하고 일기를 써보세요.

어디서 봤어?

무얼 하고 있었어?

어떤 마음이 들었어?

감사 인사를 해봐.

Day 22 나의 미래 직업 상상하기

　다양한 직업인의 세계를 알아보다 보면 자연스럽게 매력적으로 느껴지는 직업도 있을 거라 생각합니다. 정말 좋은 직업은 자신과 잘 맞는 일이 아닐까 하는데요. 그런 면에서 본능적으로 끌릴 수밖에 없는 직업이 있을 거예요. 그 직업을 떠올리며 어른이 된 자신이 그 일을 하는 모습을 상상해 보세요. 그리고 종이 한 장에 미래의 나의 모습을 그리게 해 주세요. 자신에 대한 소개를 간단히 써도 좋고요. 그 일을 하고 있는 자신의 미래를 상상해서 'ㅇㅇ이 된 20년 후의 하루'라는 제목의 일기를 써도 좋습니다.

사회책 (직업)	내가 읽은 책 :

다양한 직업인의 세계를 알아보다 보면 자연스럽게 매력적으로 느껴지는 직업도 있을 거라 생각해요. 그 일을 하고 있는 자신의 미래를 상상하며 '○○이 된 20년 후의 하루'라는 제목의 일기를 써도 좋고 간단한 소개를 써도 좋습니다.

몇 살이
되었나요?

어떤 일을
하고 있나요?

그 일은
누구에게 도움되나요?

직업인으로
하루를 마친 소감은요?

태극기 색칠해보기

　　문화 예술 책은 말 그대로 우리나라 문화 예술을 소개하는 책이에요. 태극기, 한옥, 장승 등입니다. 문화 예술 책을 읽으면 지금 접하기 힘든 전통 문화를 알 수 있습니다. 때로는 역사와 연결되어 역사의 배경 지식이 생기기도 합니다.

　　문화 예술책을 읽은 후에는 단연 관련 물건을 만들어 보는 활동이 가장 좋습니다. 한옥 관련 도서는 한옥에 찾아가 보기, 김치 관련 도서는 같이 김치 담가보기 등의 활동이겠지요. 아드릴라, 퍼니스쿨, 만들기 대장 등의 사이트를 참고해 보세요. 문화예술 관련 다양한 북아트 및 diy제품들을 쉽게 만나볼 수 있습니다. 오른쪽의 활동지를 활용해 간단히 체험해 보아도 좋습니다.

문화 예술 책을 읽으면 지금 접하기 힘든 전통 문화를 알 수 있습니다. 태극기 관련 책을 읽고, 태극기를 색칠해 보세요. 태극기에 대해 알게 된 사실도 깃발 모양에 써보세요.

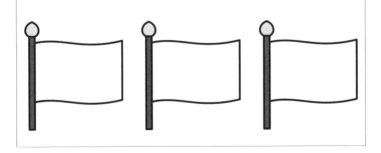

장승 따라 그리기

문화 예술 책을 읽은 후에는 단연 관련 물건을 만들어 보는 활동이 가장 좋습니다. 예컨대 장승 관련 도서라면 두꺼운 종이로 장승 만들어보기 ('장승 만들기'라고만 검색해도 다양하고 저렴한 diy 제품을 만날 수 있습니다), 한옥 관련 도서는 한옥에 찾아가 보기 등의 활동이겠지요. 아트랄라, 퍼니스쿨, 만들기 대장 등의 사이트를 참고해 보세요. 문화 예술 관련 다양한 북아트 및 diy 제품들을 쉽게 만나볼 수 있습니다.

장승이 나온 책을 읽고 장승을 따라 그려 보세요. 장승에 대해 알게 된 것도 써보세요.

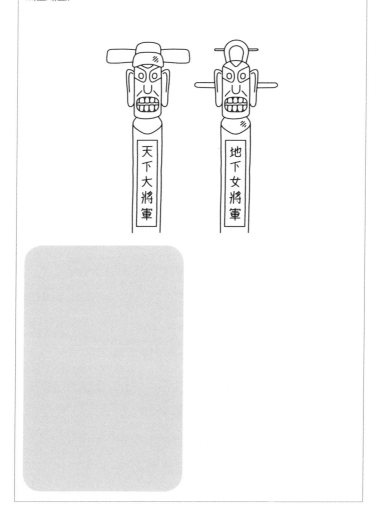

Day 25 — 인권 선언문 쓰기

인권 도서는 세부 분야가 매우 넓습니다. 장애인 인권, 아이 인권, 노동자 인권, 다문화, 난민 등 이 사회가 복잡한 만큼이나 넓지요. 분야는 다양하지만 중요하게 관통하는 한 가지 주제는 '누구나 존중 받을 권리가 있다'는 것입니다. 사람으로 살면서 가장 기본적으로 갖추어야 하는 소양을 한 가지만 꼽으라면 저는 인간에 대한 존중이라고 생각합니다. 우리 아이들이 잘 만들어진 인권 그림책을 읽어기며 타인에 대한 인권 감수성을 키우면 좋겠습니다. 그것이 곧 자신을 존중하는 법을 배우는 일이기도 하니까요.

인권 도서를 읽은 후에는 인권 선언문을 쓰면 좋습니다. 1학년 아이에게 인권 선언문은 너무 어렵고 낯선 활동이 아닌가 생각하실 수도 있을 거예요. 그러나 책을 읽다보면 다양한 곳의 다양한 사람들이 어떻게 인권을 보호받지 못하고 있는지 알게 되기 때문에 자연스럽게 쓸 수 있습니다.

예컨대, 세계 각지에서 살고 있는 다양한 아이들의 모습이 등장하는 《내가 라면을 먹을 때》를 읽는다면 아이들이 어떻게 사는 것이 아이의 삶다운지 생각해 볼 수 있는 거죠.

사회책 (인권)	내가 읽은 책 :

인권 책을 읽은 후에 인권 선언문을 써보세요. 아이들이 어떻게 사는 것이 아이의 삶다운지 생각해 봐요. 예를 들어 '밥을 굶지 않아야 해요' '아이는 일하지 않아야 해요' 등의 인권을 보장받을 수 있는 문장을 생각해 보고 쓰면 됩니다.

Day 26 꿀팁 찾기 놀이

정치, 경제, 법 도서는 사회 도서 중에서도 내용의 어려움이 있다 보니 그림책으로 출간되어 있는 도서가 많지는 않습니다. 그래도 우리 삶과 연결되어 있기에 한 번 쯤은 읽어보면 좋은 책이에요. 주제 자체는 어렵지만 그림책에서는 최대한 쉽게 풀어내고 있습니다. 제대로 다 알아야 한다는 생각보다는 우리 삶의 일부니, 편안하게 살펴보자는 마음으로 읽어주세요.

그리고 이 책에서 '우리에게 정말 필요한 내용은 뭘까?'하고 딱 한 가지 꿀팁 정도만 찾게 해 주세요. 종이에 꿀단지 모양을 그리고 단지에 한 개씩 써도 좋습니다. 이 정도의 활동 정도면 지식 그림책에 대한 거부감 없이 지식 그림책을 재미있게, 그리고 의미 있게 읽을 수 있습니다. 그래야 3학년 이후 지식 책을 접할 때 거부감이 덜할 거예요.

정치, 경제, 법 책 중 한 권을 읽고 우리에게 정말 필요한 꿀팁을 찾아 꿀단지에 한 개씩 넣어 보세요. 우리에게 정말 필요한 내용은 뭘까요? 꿀단지에는 딱 한 가지 꿀팁씩만 넣을 수 있습니다.

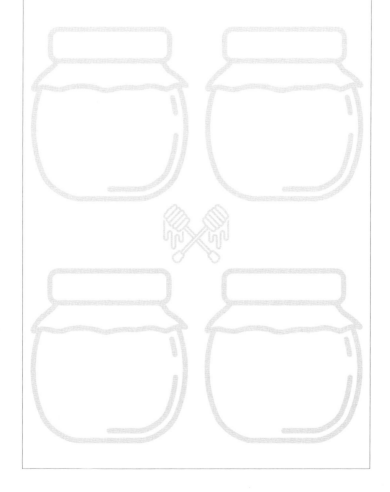

Day 27 우리 집의 법 만들기

법 관련 그림책을 읽고 우리 집 법을 만들어 보세요. 나라에는 법이 있습니다. 각 가정도 아마 서로 잘 지내기 위한 규칙이 있을 거예요. 이 규칙을 법으로 생각해서 만들어보면 어떨까요?

법 그림책을 읽으면 법의 중요성을 알았을 테니, 서로 잘 지내려면 필요하다는 것을 먼저 알려주세요. 법을 어겼을 시의 벌칙도 정해보세요. 물론 모두가 이해 가능하고 수용 가능한 내용이어야 할 거예요. '아침에 7시에 일어나야 한디, 이를 어길시 저녁 설거지를 한다'와 같은 실질적인 내용이었을 때 책을 읽고 활동으로 이어지는 의미가 있을 거예요.

사회책(정치, 경제, 법)	내가 읽은 책 :

나라에 법이 있는 것처럼 각 가정에도 아마 서로 잘 지내기 위한 규칙이 있을 거예요. 이 규칙을 생각해서 법을 만들어보면 어떨까요? 물론 모두가 수용 가능한 내용이어야 할 거예요.

1.

2.

3.

인체 탐구하기

과학책 중에서도 아이들이 단연 관심 있어 하는 책은 인체 책입니다. 아이들의 몸에 대한 이야기니까요. 물론 인체 책이어도 재미없게 구성되어 있거나 너무 어려우면 좋아하지 않지요. 대체적으로 보자면 그렇다는 뜻입니다. 인체 도서는 보통 인체 전체를 설명하는 책, 눈, 코, 귀 등을 나누어 설명하는 책들이 있습니다. 보편의 메시지는 우리 몸을 소중히 하자는 것이고요.

인체 책을 읽으면 당언히 인체 상식이 쌓입니다. 몸의 각 부분이 하는 일, 특징, 그 부분의 중요성 등에 대한 것이죠. 이를 바탕으로 알게 된 사실을 정리해 보면 좋습니다. 나의 모습을 종이에 그리고 각 신체부위별로 설명을 써 보세요. 손바닥에는 손금이 있다거나 눈에는 망막이 있다는 등의 사실적 내용을 쓰면 돼요.

물론 책을 보고 씁니다. 문장 그대로 써도 좋고 자기말로 풀어 써도 좋아요. 한 권을 읽고 써도 좋지만 지식 책은 항상 비슷한 여러 책을 두루두루 보면서 활동하는 것이 더 재밌습니다. 한 권의 책에서 이해가 안 된 내용이 이해가 되기도 하고, 각기 다른 삽화, 설명을 보는 재미도 있거든요.

인체 책을 읽으면 당연히 인체 상식이 쌓입니다. 몸의 각 부분이 하는 일, 특징, 그 부분의 중요성 등에 대한 것이죠. 인체 책을 읽고 눈, 코, 입, 손, 발, 뇌에 대해 알게 된 점을 써보세요.

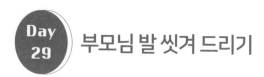

부모님 발 씻겨 드리기

부모님 발을 씻겨 드리면서 부모님의 모습, 부모님 발의 모습을 오른쪽 종이에 그려 보세요. 그리고 부모님에게 든 감정도 아래 함께 적어 보세요.

부모님 발을 관찰해 보니 어때요?

_____

_____

부모님 발은 하루 종일 무얼 했나요?

_____

_____

발을 씻겨드린 소감을 써보세요.

_____

_____

과학책 (인체)	내가 읽은 책:

부모님 발의 모습을 아래에 그려 보세요. 발을 그리면서 관찰한 내용을 떠올려 보세요.

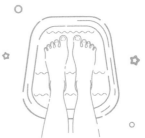

Day 30 내 몸에게 편지 쓰기

　몸이 하는 일과 소중함을 알았다면 내 몸에게 편지를 써 보면 어떨까요? 편지는 대상이 있는 명확한 글입니다. 그래서 저학년일수록 비교적 쓰기 목적을 인지시키기 좋은 글이기도 해요. 물론 당장 만날 수 없는, 혹은 가상의 인물이라는 것을 뻔히 아는 동화 속 인물에게 쓰는 편지는 오히려 아이들로 하여금 글쓰기를 위한 글을 쓰게 할 수도 있습니다. 그런데 '나의 몸'은 눈에 명확히 보이는 나 자체이기 때문에 재밌는 미음을 진솔하게 쓸 수 있습니다. 무엇보다 내 몸에 대해서는 자신이 가장 잘 아니까요.

　인체 도서를 읽고 어떤 친구는 자신의 발에게 편지를 썼습니다. 축구를 좋아하는데 발로 공을 너무 많이 차서 미안하다는 이야기였어요. 게다가 운동화 안에만 있으니 답답할 거라고도 했죠. 그래서 밤에는 깨끗이 씻고 선풍기 바람을 쐬게 해 준다는 약속을 했어요. 사랑스러운 글이었습니다. 나의 신체 부위 중 가장 하고 싶은 말이 많은 부위를 골라 어떤 일을 주로 하는지, 그 일을 하는 부위에게 어떤 말을 하고 싶은지 쓰게 해 주세요. 내 몸이 더 소중해질 수 있습니다.

과학책 (인체)	내가 읽은 책 :

인체 책을 읽고 내 인체의 한 부분에게 감사 편지를 써보세요. 내 신체 부위 중 가장 하고 싶은 말이 많은 부위를 골라 그 부위에게 하고 싶은 말을 쓰면 돼요.

고마운 나의 _____ 에게

Day 31 직접 만나고, 만지고, 관찰하기

아이들은 본질적으로 생명체에, 그리고 자연에 관심이 있어요. 말을 하기 시작하면 온갖 세상에 대한 것에 관심을 보이고 질문을 많이 합니다. 누군가는 그냥 지나칠 식물 하나도 쪼그리고 앉아 가만 보면서 이름은 무엇인지, 왜 이 곳에 났는지 궁금해하는 것이 아이입니다.

우리 주변에서 만나고 볼 수 있는 것도 너무 일찍 책으로만 보게 한다면 호기심이 줄어들고 말 거예요. 바로 옆에 민들레가 피어 있는데 벤치에 앉아 자연 관찰 책을 펼쳐두고 민들레에 대해 설명하는 것보다는 우선 직접 보고 관찰할 기회를 먼저 주세요.

바깥에 나가면 조금 천천히 걸으며 계절별로 변화하는 식물을 보고 느끼게 해 주세요. 땅에 떨어진 잎이 있다면 가져와서 책갈피도 만들어보고 스케치북에 붙이고 관찰도 하게 해 주세요. 이렇게 우리 바로 주변의 식물에 관심을 가진 후 관련 책을 보면 훨씬 더 재밌고 흥미롭게 느껴질 거예요. 책은 어차피 우리 삶을 위한 것이기 때문에 삶에서 연결된 읽기란 무엇인지에 대해서도 자연스럽게 배울 수 있습니다.

과학책(동물, 식물)	내가 읽은 책 :

동물, 식물 책을 읽고 책에 나온 동물이나 식물을 일상에서 찾아봐요. 관찰한 내용을 그림으로 그려보고 글로 설명도 해보세요.

생김새   색깔   특징   크기   소감

Day 32 다섯 고개 놀이하기

스무고개라는 놀이를 아시나요? 과학 그림책은 읽다 보면 몇 장만 넘겨도 재미난 지식이 쏙쏙 나옵니다. 그래서 이것이 신기한 아이들은 '엄마, 이거 알아요?'라며 묻지 않아도 설명해 주기도 하고, 갑자기 퀴즈를 내기도 합니다. 그래서 아이도서 중 비문학 영역의 책들을 보면 콘셉트가 아예 퀴즈식으로 나오는 책도 있습니다. 아이들은 그만큼 알고 싶어 하고, 알게 된 것을 나누고 싶어 합니다. 이런 아이들을 볼 때마다 그 무한한 지적 호기심에 감탄합니다.

이를 활용해 다섯 소개 놀이를 해 보세요. 아이가 부모님에게 책에 나온 대상이 무엇인지 맞히도록 그 대상에 대한 사실 다섯 가지만 말해 보는 거예요. 물론 책에 나온 사실을 바탕으로 합니다. 다섯 고개 문장을 만들려면 작가의 문장을 자기 말로 표현해야 합니다. 이때 어떻게 말할지 고민하는 과정에서 읽기 집중도 높일 수 있고 표현력도 늘어날 수 있어요. 부모님과 아이의 역할을 바꾸어서 부모님이 다섯 소개 문제를 내도 재밌습니다.

과학책 (동물, 식물)	내가 읽은 책 :

스무고개 놀이를 아시나요? 이를 활용해 다섯 소개 놀이를 해보세요. 책에 나온 것 중에서 5가지 동물, 식물 맞히기 놀이를 해보는 거예요. 손가락에 는 힌트를, 손바닥에는 정답을 쓴 다음 가족들과 함께 해보세요.

Day 33 나만의 단어사전 만들기

지구와 우주는 과학 분야 중에서는 비교적 어려운 분야에 속합니다. 절대적 관심이 있는 아이가 아니라면 잘 보지 않을 거예요. 그래서 편하고 가볍게 접근하는 것이 중요합니다. 이야기 그림책은 모르는 단어가 있어도 이야기 전체 분위기나 문맥을 통해 짐작하며 읽어나갈 수 있지만 지식 그림책은 다릅니다. 몰라서 막히는 부분이 반복되면 이해가 안 되니 어렵고, 그럼 지식 그림책은 어렵고 지루하다는 생각을 갖게 될 수 있습니다. 끝까지 읽어나갈 수 없는 것은 당연하고요.

먼저 어려운 단어는 설명하며 읽어주세요. 단어뿐 아니라 책에 나온 개념이 어렵다면 풀어서 읽어주는 것이 지식 그림책 읽기에선 우선 필요합니다. 그러고 나서 꼭 기억하고 싶은 단어 3개 정도만 골라보게 하세요. 그리고 수첩을 마련해 이 용어 하나를 크게 쓰고 한 문장 정도로 설명을 씁니다. 그림을 곁들이면 더 좋습니다. 이렇게 하나씩 하나씩 모으다 보면 멋진 과학 단어 사전이 됩니다. 이 사전은 초등 고학년까지 두고두고 볼 수 있어 더 좋습니다.

과학책(동물, 식물)	내가 읽은 책 :

과학책을 읽고 나서 꼭 기억하고 싶은 단어 3개 정도만 모아 보세요. 빅뱅, 우주, 외핵, 힘, 운동 같은 과학 용어로 고르면 됩니다. 아래 칸마다 용어 하나씩을 쓰고 한 문장 정도 해당 단어에 대한 설명을 씁니다.

지구

태양에서
세 번째로 가까운,
사람이 사는
행성이다.

Day 34 인물 이력서 쓰기

인물의 삶을 대강 살펴보는 목적으로 이력서를 써 보세요. 이력서는 한 사람이 지나오며 있었던 일, 했던 일, 공부한 것, 경험한 것 등을 쓰는 것이라고 먼저 알려주세요. 그리고 어릴 때 있었던 일, 젊은 시절 했던 일, 가장 크게 이룬 일 등 세 가지 정도만 간단히 기록하게 하면 멋진 이력서가 됩니다.

실제 이력서 양식처럼 사진과 이름, 태어난 연도와 세상을 떠났다면 떠난 연도까지 써 보면 좋습니다. 주의할 점은 지나치게 디테일하게 들어가지 않아야 한다는 거예요. 아이가 인물의 일대기를 자세히 알아야 할 필요는 없어요. 인물 책은 본래 전체적인 분위기를 읽는 책이에요. 굵직한 내용만 쓰게 해 주세요.

인물책	내가 읽은 책 :

이력서는 한 사람이 지나오며 있었던 일, 했던 일, 공부한 것, 경험한 것 등을 쓴 것인데요. 인물의 어린 시절에 있던 일, 젊은 시절 했던 일, 가장 크게 이룬 일 등 3가지 정도 간단히 기록하면 멋진 이력서가 됩니다. 굵직한 내용 위주로 써보세요.

이름	
태어난 나라	
직업	
출생 연도	
사망 연도	

나이	했던 일

인물의 특징 표현해보기

인물 그림책은 주로 인물의 말과, 행동, 했던 일을 중심으로 이야기가 전개됩니다. 말 그대로 사실적인 내용들이죠. 이런 내용을 읽다 보면 자연스럽게 그 인물이 어떤 사람인지 생각할 수 있습니다. 오른쪽 단어를 활용해 인물이 어떤 사람인지 말합니다. 그렇게 표현하는 까닭도 함께 말합니다.

예를 들어 '이순신은 무서운 사람이다. 훈련을 열심히 시켰다.' 처럼요. 아이는 어른들이 생각하지 못하는 답을 할 때도 많은데 오히려 그것이 책을 보는 아이만의 시선이에요. 왜 그렇게 표현했는지 자연스럽게 대화를 이어가다보면 다양한 책 감상 말하기를 할 수 있습니다.

인물책	내가 읽은 책 :

인물 그림책은 주로 인물의 말과 행동 중심으로 이야기가 전개됩니다. 아래 단어 중 책 속 인물에게 어울리는 단어를 찾아 색칠해 보세요. 그리고 찾은 단어 중에 2개만 골라 단어를 고른 이유를 써보세요.

다정한	지혜로운	놀라운
사랑스러운	똑똑한	멋있는
재밌는	용기있는	생각하는
배려심 있는	명랑한	정확한
정직한	호기심 있는	책임감 있는
도전하는	마음이 넓은	친절한
부지런한	도와주는	열정적인
건강한	자유로운	무서운

이 사람은 : _____

_____

이 사람은 : _____

_____

Day 36 · 플로깅 경험하기

플로깅은 스웨덴어의 '플로카 업plocka upp(줍다)'과 '조가jogga(조깅하다)'를 합성하여 만든 '플로가plogga'는 말 그대로 조깅하면서 쓰레기를 줍는 행위를 말합니다. 건강도 지키고 환경도 생각하는 환경보호 활동이죠. 우리나라에서는 '줍다'와 '조깅'을 합쳐 '줍깅'이라고 부르기도 합니다.

아이와 함께 플로깅을 경험해 보는 것은 환경 도서 읽기 후의 독서 활동도 되겠지만 반내로 환성 도서 읽기의 동기도 될 거예요. 학교에서 집에 돌아오는 길, 가족과 잠시 외출하며 걷는 길 등 부담스럽지 않은 선에서 해 보시면 좋겠습니다.

플로깅은 스웨덴어로 쓰레기를 줍는 행동을 말합니다. 건강도 지키고 환경도 보호하는 활동이죠. 우리나라에서는 '줍다'는 말과 합쳐 '줍깅'이라고 부르기도 합니다. 줍깅을 계획해 보세요.

내가
자주 다니는 길은?

언제, 어디를 걸으며
쓰레기를 줍고 싶나요?

누구랑
줍고 싶나요?

그때 기분이
어떨 것 같나요?

플로깅을 경험해봤다면 간단히 일기로 남겨 봅니다. 누구와 어디서, 무엇을 어떻게 했는지 소감과 함께 간단히 기록하는 것만으로도 느껴지는 게 있을 거예요. 조깅을 하지 않더라도 오며가며 쓰레기를 주워 보세요. 그 모습을 그려 보고, 소감도 써보기로 해요.

환경책	내가 읽은 책 :

어디서 주웠어요?

뭐하다 주웠어요?

무엇을 주웠어요?

마음이 어땠어요?

동물의 입장에서 글쓰기

우리나라는 이제야 동물 복지에 대한 인식이 조금씩 싹트고 있습니다. 몇몇 단체에서 많은 노력을 기울이고 있지만 아직 전반적으로는 동물권 인식이 부족하고 여전히 곳곳에서 동물이 희생되거나 고통을 당하고 있습니다. 아이들과 동물권 관련 도서를 읽고, 내가 그 동물의 마음이라면 어떨지 글을 써 보면 좋겠습니다.

일기 같은 나의 이야기를 쓰다 보면 그 과정에서 내 마음과 상황이 또렷이 보이는 경험을 할 수 있어요. 동물의 입장에서 써 보는 것 역시 동물의 마음을 잘 느껴볼 수 있는 좋은 활동입니다. 동물이 행복해야 인간도 행복할 수 있다는 자연의 이치를 동물권 책읽기와 활동을 통해 아이도 느껴보면 좋겠습니다.

동물권책	내가 읽은 책 :

동물권 책을 읽고 책에 나온 동물이 어떤 어려움과 고통을 느끼고 있는지 살펴보세요. 내가 그 동물이라면 어떤 마음일지 동물의 입장이 되어 일기를 써보기로 해요.

어떤
동물이야?

어떤 어려움을
겪었어?

왜 그런 일을
겪었어?

마음이
어떨 것 같아?

Day 39 역사 유물 제작일기

선사 시대와 삼국 시대에는 역사 그림책에 여러 유물이 많이 등장합니다. 유물 이름을 검색하면 역사 유물 만들기 키트를 손쉽게 구입할 수 있습니다. 또는 집에서 재료를 마련해 볼 수 있다면 구해서 간단히 만들어 보세요. 직접 손으로 만들려면 책에 나온 것을 자세히 보아야 하기 때문에 관찰하는 효과도 있습니다. 만들기 전에 만드는 순서를 잘 익힌 후 미리 유물 제작 일기를 쓰면 더 잘 만들 수 있습니다.

역사책	내가 읽은 책 :

간단히 유물 하나를 만들어 보고 이를 사진 찍거나 그림으로 그려 유물 제작 일기를 써보세요.

유물 이름이 뭐야?

만드는 순서를 간단히 말해줘.

만들면서 어려웠던 점은?

만들어본 소감은?

Day 40 유물, 문화재 반쪽 놀이

책에 나온 유물이나 문화재의 이미지를 구해 종이에 붙여주세요. 그리고 나머지 반쪽을 종이로 가리고 그림을 그립니다. 나머지 반쪽을 그리려면 보이는 한쪽을 세밀하게 관찰할 수밖에 없어 자연스럽게 유물 관찰이 됩니다. 다 그린 후에는 실제 이미지와 비교해 봅니다. 비슷하게 그렸다면 성취감을 얻을 수 있고요, 혹시 다르다면 안타까운 마음을 느끼겠지만 그 순간 '아, 이런 모양이구나.' 하면서 더 잘 살펴보는 기회가 될 수 있습니다.

역사책

내가 읽은 책 :

유물 이미지를 구해 반쪽만 붙이고 나머지 반쪽을 직접 그려 보세요. 나머지 반쪽을 그리려면 보이는 한쪽을 세밀하게 관찰해야 합니다. 다 그린 후에 실제 이미지와 비교해 봅니다.

역사 뉴스 말하기

역사 그림책을 읽고 알게 된 사실 한 가지를 뉴스를 말하듯 말해봅니다. 어른들은 자주 들어본 고려, 조선 등의 용어조차 아이들에게는 낯설기 때문에 혼자 하게 하기보다 시범을 보여주는 것이 좋습니다. '언제, 어디서, 누가, 무엇을, 어떻게, 왜' 했는지만 추려서 어른이 먼저 말해보고요. 아이가 비슷하게 말하게 하면 됩니다. 재밌게 읽고 쉽게 해야 지속 가능한 활동이 됩니다.

역사책	내가 읽은 책:

역사 그림책을 읽고 알게 된 사실 한 가지에 대한 뉴스를 써봅니다. 언제,
어디서, 누가, 무엇을, 어떻게, 왜 했는지를 쓰면 돼요.

언제, 어디서
있었던 일이야?

어떤 일이
있었어?

왜 그 일이
일어났어?

어떻게
되었는데?

역사 마인드맵

마인드맵mind map은 영국의 토니 부잔이 주장하여 널리 알려진 지금은 매우 익숙한 학습 방법 중 한 가지입니다. 생각을 정리하는 다양한 방법 중 한 가지죠. 가운데에 읽은 책의 주제나 제목을 쓰고, 자유롭게 부가지를 그려가며 생각나는 내용, 단어, 그림 등을 표현하게 합니다. 내용을 이해했는지 파악하기 위한 세밀한 문제보다 이렇게 자유롭게 생각나는 대로 표현하게 하는 것이 책의 내용을 좀 더 적극적으로 상기하게 도와줍니다.

역사책	내가 읽은 책 :

역사책을 읽고 생각나는 것, 알게 된 것을 정리해 보세요. 가운데 원에 읽은 책의 제목이나 주제를 쓰고, 나머지 칸에는 책에 나온 내용 중 인상적이었던 것을 자유롭게 써보세요.

Day 43 ~ 66.

엄마와 함께하는
독후 활동

Day 43 이야기 떠올리기 **1단계**

오늘 만난 책

책 제목				
읽은 날짜	년	월	일	별점 ☆☆☆

누구 누구 나와?

어떤 사람이 제일 많이 나와?

그 사람이 뭐했는데?

어떤 말을 했어?

그래서 어떻게 됐어?

가장 많이 나온 사람 말고 다른 사람들은 뭐했어?

Day 44 이야기에 빠져보기　　　2단계

오늘 만난 책

책 제목			
읽은 날짜　　　년　　　월　　　일			별점 ☆☆☆

어떤 장면이 가장 생각나? 이유는?

어떤 장면이 가장 생각나? 이유는?

너라면 그 상황에서 어떻게 했을 것 같아?

어떤 사람이 가장 생각나? 이유는?

네가 그 사람이라면 어떻게 했을 것 같아?

누가 가장 좋았어? 이유는?

누가 가장 싫었어? 이유는?

나와 연결하기

3단계

오늘 만난 책

책 제목				
읽은 날짜	년	월	일	별점 ☆☆☆

책 읽다가 네가 겪었던 일 생각난 거 있어?

어떤 일이었는지 말해봐.

이 책 읽고 그 이야기가 왜 생각났어?

그때 마음은 어땠어?

책에 나온 사람하고 비슷한 사람을 알고 있어? 누구야? 어떻게 비슷해?

다른 사람과 연결하기 　　　**4단계**

오늘 만난 책

책 제목				
읽은 날짜	년	월	일	별점 ☆☆☆

이 책을 추천하고 싶은 사람이 누구야?

추천하고 싶은 까닭은 뭐야?

그 사람이 이 책의 어떤 부분을 꼭 읽기를 바라?

그 사람이 이 책을 읽고 어떤 변화가 있기를 바라?

책을 추천해 주면서 뭐라고 말하고 싶어?

작가에게 말 걸기

5단계

오늘 만난 책

책 제목				
읽은 날짜	년	월	일	별점 ☆☆☆

이 책을 쓴 작가는 누구야?

이 책을 쓴 작가는 누구야?

책 날개를 읽고 작가에 대해 알게 된 점을 써 봐.

작가는 이 책을 왜 썼을까?

작가에게 하고 싶은 말, 질문이 있으면 해 봐.

네가 작가라면 이야기의 바꾸고 싶은 부분을 바꿔 봐.

오늘 만난 책

책 제목					
읽은 날짜		년	월	일	별점 ☆☆☆

어떤 일이 있었어?

어떤 장면(사람)이 마음에 남아?

떠오르는 경험을 말해 봐.

이 책을 읽고 하고 싶은 말(마음의 움직임)을 써 봐.

누구에게, 왜 추천하고 싶어?

이야기 떠올리기

Day 49 · 1단계

오늘 만난 책

책 제목				
읽은 날짜	년	월	일	별점 ☆☆☆

누구 누구 나와?

어떤 사람이 제일 많이 나와?

그 사람이 뭐했는데?

어떤 말을 했어?

그래서 어떻게 됐어?

가장 많이 나온 사람 말고 다른 사람들은 뭐했어?

이야기에 빠져보기

2단계

오늘 만난 책

책 제목				
읽은 날짜	년	월	일	별점 ☆☆☆

어떤 장면이 가장 생각나? 이유는?

어떤 사람이 가장 생각나? 이유는?

네가 그 사람이라면 어떻게 했을 것 같아?

누가 가장 좋았어?

누가 가장 싫었어?

Day 51 **나와 연결하기** **3단계**

오늘 만난 책

책 제목				
읽은 날짜	년	월	일	별점 ☆☆☆

책 읽다가 네가 겪었던 일 생각난 거 있어?

어떤 일이었는지 말해봐.

이 책 읽고 그 이야기가 왜 생각났어?

그때 마음은 어땠어?

책에 나온 사람하고 비슷한 사람을 알고 있어? 누구야? 어떻게 비슷해?

다른 사람과 연결하기

4단계

오늘 만난 책

책 제목				
읽은 날짜	년	월	일	별점 ☆☆☆

이 책을 추천하고 싶은 사람이 누구야?

추천하고 싶은 까닭은 뭐야?

그 사람이 이 책의 어떤 부분을 꼭 읽기를 바라?

그 시람이 이 책을 읽고 어떤 변화가 있기를 바라?

책을 추천해 주면서 뭐라고 말하고 싶어?

작가에게 말 걸기

5단계

오늘 만난 책

책 제목				
읽은 날짜	년	월	일	별점 ☆☆☆

이 책을 쓴 작가는 누구야?

_____

책 날개를 읽고 작가에 대해 알게 된 점을 써 봐.

_____

작가는 이 책을 왜 썼을까?

_____

작가에게 하고 싶은 말, 질문이 있으면 해 봐.

_____

네가 작가라면 이야기의 바꾸고 싶은 부분을 바꿔 봐.

_____

Day 54 한 번에 정리하기 6단계

오늘 만난 책

책 제목				
읽은 날짜	년	월	일	별점 ☆☆☆

어떤 일이 있었어?

어떤 장면(사람)이 마음에 남아?

떠오르는 경험을 말해 봐.

이 책을 읽고 하고 싶은 말(마음의 움직임)을 써 봐.

누구에게, 왜 추천하고 싶어?

Day 55 이야기 떠올리기 　　　　　1단계

오늘 만난 책

책 제목				
읽은 날짜	년	월	일	별점 ☆☆☆

누구 누구 나와?

어떤 사람이 제일 많이 나와?

그 사람이 뭐했는데?

어떤 말을 했어?

그래서 어떻게 됐어?

가장 많이 나온 사람 말고 다른 사람들은 뭐했어?

이야기에 빠져보기

2단계

오늘 만난 책

책 제목				
읽은 날짜	년	월	일	별점 ☆☆☆

어떤 장면이 가장 생각나? 이유는?

너라면 그 상황에서 어떻게 했을 것 같아?

어떤 사람이 가장 생각나? 이유는?

네가 그 사람이라면 어떻게 했을 것 같아?

누가 가장 좋았어?

누가 가장 싫었어?

Day 57 나와 연결하기   **3단계**

책 제목				
읽은 날짜	년	월	일	별점 ☆☆☆

책 읽다가 네가 겪었던 일 생각난 거 있어?

어떤 일이었는지 말해봐.

이 책 읽고 그 이야기가 왜 생각났어?

그때 마음은 어땠어?

책에 나온 사람하고 비슷한 사람을 알고 있어? 누구야? 어떻게 비슷해?

다른 사람과 연결하기 4단계

오늘 만난 책

책 제목			
읽은 날짜	년	월	일	별점 ☆☆☆

이 책을 추천하고 싶은 사람이 누구야?

추천하고 싶은 까닭은 뭐야?

그 사람이 이 책의 어떤 부분을 꼭 읽기를 바라?

그 사람이 이 책을 읽고 어떤 변화가 있기를 바라?

책을 추천해 주면서 뭐라고 말하고 싶어?

Day 59 작가에게 말 걸기 **5단계**

오늘 만난 책

책 제목				
읽은 날짜	년	월	일	별점 ☆☆☆

이 책을 쓴 작가는 누구야?

책 날개를 읽고 작가에 대해 알게 된 점을 써 봐.

작가는 이 책을 왜 썼을까?

작가에게 하고 싶은 말, 질문이 있으면 해 봐.

네가 작가라면 이야기의 바꾸고 싶은 부분을 바꿔 봐.

Day 60 · 한 번에 정리하기

6단계

오늘 만난 책

책 제목				
읽은 날짜	년	월	일	별점 ☆☆☆

어떤 일이 있었어?

어떤 장면(사람)이 마음에 남아?

떠오르는 경험을 말해 봐.

이 책을 읽고 하고 싶은 말(마음의 움직임)을 써 봐.

누구에게, 왜 추천하고 싶어?

Day 61 이야기 떠올리기 1단계

오늘 만난 책

책 제목				
읽은 날짜	년	월	일	별점 ☆☆☆

누구 누구 나와?

어떤 사람이 제일 많이 나와?

그 사람이 뭐했는데?

어떤 말을 했어?

그래서 어떻게 됐어?

가장 많이 나온 사람 말고 다른 사람들은 뭐했어?

Day 62 · 이야기에 빠져보기

2단계

오늘 만난 책

책 제목				
읽은 날짜	년	월	일	별점 ☆☆☆

어떤 장면이 가장 생각나? 이유는?

너라면 그 상황에서 어떻게 했을 것 같아?

어떤 사람이 가장 생각나? 이유는?

네가 그 사람이라면 어떻게 했을 것 같아?

누가 가장 좋았어?

누가 가장 싫었어?

Day 63 나와 연결하기 　　　　　　　**3단계**

책 제목					
읽은 날짜	년	월	일	별점 ☆☆☆	

책 읽다가 네가 겪었던 일 생각난 거 있어?

어떤 일이었는지 말해봐.

이 책 읽고 그 이야기가 왜 생각났어?

그때 마음은 어땠어?

책에 나온 사람하고 비슷한 사람을 알고 있어? 누구야? 어떻게 비슷해?

Day 64 다른 사람과 연결하기 **4단계**

오늘 만난 책

책 제목				
읽은 날짜	년	월	일	별점 ☆☆☆

이 책을 추천하고 싶은 사람이 누구야?

추천하고 싶은 까닭은 뭐야?

그 사람이 이 책의 어떤 부분을 꼭 읽기를 바라?

그 사람이 이 책을 읽고 어떤 변화가 있기를 바라?

책을 추천해 주면서 뭐라고 말하고 싶어?

작가에게 말 걸기

5단계

오늘 만난 책

책 제목				
읽은 날짜	년	월	일	별점 ☆☆☆

이 책을 쓴 작가는 누구야?

이 책을 쓴 작가는 누구야?

책 날개를 읽고 작가에 대해 알게 된 점을 써 봐.

작가는 이 책을 왜 썼을까?

작가에게 하고 싶은 말, 질문이 있으면 해 봐.

네가 작가라면 이야기의 바꾸고 싶은 부분을 바꿔 봐.

Day 66 한 번에 정리하기   **6단계**

오늘 만난 책

책 제목				
읽은 날짜	년	월	일	별점 ☆☆☆

어떤 일이 있었어?

어떤 장면(사람)이 마음에 남아?

떠오르는 경험을 말해 봐.

이 책을 읽고 하고 싶은 말(마음의 움직임)을 써 봐.

누구에게, 왜 추천하고 싶어?

262

아이를 더 넓은 세상으로
보내기 위하여

독서가 중요하지 않다는 분은 지금까지 만난 적이 없는 것 같습니다. 그런데 방법에 있어서 어려움을 겪는 분을 많이 보았고, 마음처럼 되지 않을 때 속상해 하시는 분들을 종종 만납니다. 참으로 당연한 것이 지금 부모 세대는 읽기와 독서에 대해 배운 적이 없습니다. 책을 읽어야 한다는 말은 자주 들은 것 같고요. 그러다 보니 부모부터 독서에 대한 부담이 있는 것은 아닌지 새삼 생각이 듭니다.

그래서 이 책은 그 독서라는 것에 대해, 정확히 말하면 '초등 독서'에 대해 부모들이 가지고 있는 오해를 풀어드리고, 독서가 비로소 시작되는 초등 1학년이 독서에 대해 경험해야 할 것들을 담았습니다. 우리 아이들을 좀 더 잘 읽고, 평생 읽는 아이로 키울 수 있도록 돕기 위해서요. 무엇보다 자연스럽게 발달된다고 믿어서 여러 교육 중 조금은 외면 받고 있는 '읽기'도 교육을 해야 한다는 걸 강조하고 싶어 다소 이론적인 내용도 굳이 담았습니다.

책의 앞부분에서 이야기한 읽기와 독서에 대한 이해를 바탕으로, 제가 추천한 책 365권을 1년 간 아이와 자유롭게 찾아 읽어보세요. 나아가 수록한 활동지 중에서 책과 어울리는 걸 골라서 한 장 한 장 채워 나가다 보면, 자연스레 독서를 즐기는 아이가 될 거라 믿습니다. 독서를 즐길 때 얻을 수 있는 읽기 발달도 짝꿍처럼 찾아 올 거고요.

아이가 처음 자전거를 배울 때 어른은 뒤에서 잡아주며 잘 지켜 보다가 어느 순간 손을 놓고 스스로 자유롭게 다닐 수 있도록 응원해 주죠. 독서도 마찬가지라고 생각합니다. 이 책의 내용을 바탕으로 뒤에서 자전거 잡아주듯 첫 시작을 살 도와주신다면 아이의 독서에 날개가 달려 아이는 자유롭게 읽고, 또 읽은 만큼 크고, 깊게 성장할 것입니다. 그 과정을 부모들이 응원하고 지지해 주면 더없이 좋겠습니다.

부록

초등 1학년이 1년 동안 읽어 보면 좋은 책을 월별로 추천했습니다. 책 분야별로 선정 이유 및 기준 내용을 참고해서 자유롭게 독서 달력을 완성하고, 아이와 함께 행복한 1년 독서는 물론 읽기를 위한 기본기를 단단히 하실 수 있기를 바랍니다. 추천 책 리스트가 끝나는 페이지에 월별 독서 달력이 있습니다. 요일별 독서 계획을 세우고 읽은 책의 흥미도 별점도 체크하며 아이의 인생 책도 꼭 찾아 보세요. 분명 즐거운 독서 경험이 될 거예요!

🔍 일러두기

- 책 놀이의 순서는 중요하지 않습니다. 아이가 좋아하는 것부터 시작해 보세요.
- 제목이 같은 시리즈물의 경우, 제목을 쓰고 옆에 시리즈 번호를 표기했습니다.
- 제목이 다른 시리즈물의 경우, 각각 제목을 넣었습니다.
- 3권 이상 출간된 시리즈물의 경우, 첫 번째 책 제목만 넣고 시리즈임을 표기했습니다.
- 시리즈물 발행 연도는 1권 기준으로 표기했습니다.
- 개정판은 발행 연도를 개정판 발행일 기준으로 표기했습니다.
- 독서 달력은 책을 자유롭게 배치하고, 매년 쓸 수 있도록 만년 달력으로 제작했습니다.

월별 추천 책 리스트

l. January
이야기 그림책

읽기를 막 시작한 아이와 보기 좋은 건 그림책입니다. 읽기가 아직 서툴다면 어른이 읽어주세요. 유창하게 읽기가 가능한 아이라면 묵독으로 혼자 읽어도 좋습니다.

다비드 칼리, 《왜 숙제를 못했냐면요》 토토북, 2014

유은실, 권정생(원작), 《그해 가을》 창비, 2013

윤여름, 《우리는 언제나 다시 만나》, 위즈덤하우스, 2017

요시타케 신스케, 《이게 정말 나일까? 1~6》, 주니어김영사, 2015

권자경, 《가시 소년》, 천개의바람, 2021

박현주, 《이까짓 것!》, 이야기꽃, 2019

김유경, 《욕쟁이 딸기 아저씨》, 노란돼지, 2017

조시온, 《마음 안경점》, 씨드북(주), 2021

정하섭, 《보자기 한 장》 우주나무, 2023

장 지오노, 《나무를 심은 사람》 두레아이들, 2002

샤를로트 문드리크, 《무릎딱지》 한울림어린이, 2010

도키 나쓰키, 《기분가게》 주니어김영사, 2022

윤지회, 《엄마 아빠 결혼 이야기》, 사계절, 2016

한스 크리스티안 안데르센, 《눈의 여왕》, 웅진 주니어, 2005

지노 스워더, 《자꾸만 작아지는 부모님》, 파스텔하우스, 2023

마크 펫, 게리 루빈스타인, 《절대로 실수하지 않는 아이》, 두레아이들, 2014

캐리 베스트, 《부끄럼쟁이 바이올렛》 문학동네, 2004

레인 스미스, 《할아버지의 이야기 나무》, 문학동네, 2011

테리 펜, 에릭 펜, 《한밤의 정원사》, 북극곰, 2016

막스 뒤코스,《제자리를 찾습니다》, 국민서관, 2023

조성자,《퐁퐁이와 툴툴이》, 시공주니어, 2005

량 슈린,《행복한 의자나무》, 북뱅크, 2002

베라 B. 윌리엄스,《엄마의 의자》, 시공주니어, 1999

사라 스트리스베리,《여름의 잠수》, 위고, 2022

이종은,《가을을 파는 마법사》, 노루궁뎅이, 2017

막스 뒤코스,《내 비밀 통로》, 국민서관, 2022

선현경,《이모의 결혼식》, 비룡소, 2004

유미무라 키키,《버스가 왔어요》, 노란돼지, 2023

오브리 데이비스,《단추수프》국민서관, 2000

서영,《여행 가는 날》, 위즈덤하우스, 2018

바버러 쿠니,《미스 럼피우스》, 시공주니어, 1996

2. February
첫 읽기 재미 동화

유창성이 확보돼 묵독에 진입할 때 읽기 좋은 책들입니다. 스토리가 재밌는 책들이라 이야기를 읽는 재미를 느낄 수 있습니다. 아직 소리 내 읽기가 미숙하다면, 엄마가 재밌게 읽어주세요.

허은순,《귀신보다 더 무서워》보리, 2013

엘리자베스 쇼,《까만 아기양》, 푸른나무, 2006

조애너 콜,《괴물 예절 배우기》, 시공주니어, 1997

아놀드 로벨,《개구리와 두꺼비는 친구》, 비룡소, 1996

롭 루이스,《이고쳐 선생님과 이빨 투성이 괴물》, 시공주니어, 2018

김유, 《겁보 만보》 책읽는곰, 2015

이용포, 《왕창 세일! 엄마 아빠 팔아요》, 창비, 2011

최형미, 《잔소리 없는 엄마를 찾아주세요》, 좋은책아이, 2011

김유, 《무적 말쑥》 책읽는곰, 2021

김유, 《백점 백곰》 책읽는곰, 2023

강민경, 《아드님 진지 드세요》, 좋은책아이, 2022

딸기, 《편지 도둑》 마음이음, 2023

베아트리스 루에, 《수학은 너무 어려워》, 비룡소, 2022

이현, 《오늘도 용맹이 1-2》 비룡소, 2022

윤수천, 《꺼벙이 억수》, 좋은책아이, 2007

임정진, 《자석 총각 끌리스》, 해와나무, 2009

유은실, 《나도 편식할거야》, 사계절, 2011

무라카미 시이고, 《냉장고의 여름 방학》, 북뱅크, 2014

김리리, 《엄마는 거짓말쟁이》 다림, 2003

조성자, 《엄마 몰래》 좋은책아이, 2008

베아트리스 루에, 《수학은 너무 어려워》 비룡소, 2022

프란치스카 비어만, 《게으른 고양이의 결심》, 주니어김영사, 2009

주봄, 《엉뚱한 기자 김방구》, 비룡소, 2022

최은옥, 《장화 신은 개구리 보짱 1-2》, 주니어김영사, 2023

최은옥, 《내 멋대로 뽑기》, 주니어김영사, 2016

신현경, 《야옹이 수영 교실》, 북스그라운드, 2023

김기정, 《기상천외한 의사 당통》, 북멘토, 2023

박현숙, 《개는 용감하다》, 열림원아이, 2023

지혜진, 《무적 딱지》, 산하, 2022

✿ 〜〜〜〜〜〜〜〜〜〜

3. March
학교생활, 친구 관련 책

새로운 학기에 읽어보기 좋은 책들입니다. 그림책, 글줄 책을 섞어 추천했습니다. 상황에 맞게 스스로 읽게 하거나 읽어주세요. 아이들이 쓴 글은 모은 책과 동시집도 포함됐으니 재밌게 읽어보세요.

정이립, 《1학년 3반 김송이입니다》, 바람의 아이들, 2017

신순재, 《진짜 일학년 책가방을 지켜라》, 천개의바람, 2017

현주, 《우리는 1학년 1반》, 웃는돌고래, 2017

쓰치다 노부코, 《우리는 인기 만점 1학년》, 파스텔하우스, 2022

이라일라, 《감정에 이름을 붙여 봐》, 파스텔하우스, 2022

마키타 신지, 《틀려도 괜찮아》, 토토북, 2006

조성자, 《이르기 대장 1학년 나최고》, 아이앤북(I&BOOK), 2009

안수민, 《5월이 1하년》, 소원나무, 2022

미야가와 히로, 《특별한 1학년》, 웅진주니어, 2006

강무홍, 《나도 이제 1학년》, 웅진주니어, 2005

노은주, 《학교가 즐거울 수밖에 없는 12가지 이유》, 단비아이, 2020

신순재, 《진짜 1학년 시험을 치다》, 천개의바람, 2023

이서윤, 《두근두근 1학년을 부탁해》, 풀빛, 2023

송언, 《두근두근 1학년 새친구 사귀기》, 사계절, 2014

송언, 《두근두근 1학년 선생님 사로잡기》, 사계절, 2014

이토 미쿠, 《1학년 1반 여왕님》, 주니어김영사, 2022

송언, 《학교 가는 날》, 보림, 2011

피터 브라운, 《선생님은 몬스터》, 사계절, 2015

원유순, 《호기심 대장 1학년 무릎이》, 아이앤북(I&BOOK), 2009

이승희, 《1학년 1반 나눔봉사단》, 주니어김영사, 2011

차태란, 《1학년이 됐어요》, 해와나무, 2013

신형건, 《나는 나는 1학년》 (동시), 끝없는이야기, 2023

이주희, 《껍딱지 독립기》, 시공주니어, 2017

윤수천, 《놀기 대장 1학년 한동주》, 아이앤북(I&BOOK), 2008

다니엘 포세트, 《칠판 앞에 나가기 싫어》, 비룡소, 1997

다니엘 포세트, 《선생님하고 결혼할거야》, 비룡소, 1997

서지원, 《티라노 초등학교》, 키다리, 2012

김하니, 《학교에서 사귄 첫 친구예요!》, 밝은미래, 2012

방민희, 《학교 다녀오겠습니다》, 웅진주니어, 2010

권정생, 《학교 놀이》, 산하, 2010

최형미, 《우리반 인기스타 나반장》, 키다리, 2012

❋ 〰〰〰〰〰〰〰〰

4. April
옛이야기

옛이야기 그림책은 되도록 엄마가 읽어주세요. 한 달 동안 재밌는 이야기를 듣고 나면 아이가 이야기 흐름을 파악하는 힘이 커질 거예요.

송재찬, 《해님달님》, 국민서관, 2004

이상교, 《욕심부리지 말지어다》, 국민서관, 2021

권정생, 《훨훨 간다》, 국민서관, 2003

이수아, 《요술 항아리》, 비룡소, 2008

이수지, 《그늘을 산 총각》, 비룡소, 2021

권문희, 《깜박깜박 도깨비》, 사계절, 2014

이영경, 《아씨방 일곱 동무》, 비룡소, 1998

홍윤희, 《소금을 만드는 맷돌》, 예림당, 2018

김온유, 《송아지와 바꾼 무》, 봄볕, 2019

김영미, 《복 타러 간 총각》, 하루놀, 2020

백희나, 《연이와 버들 도령》, 책읽는곰, 2022

송재찬, 《설문대할망》, 봄봄, 2007

김용택, 《의좋은 형제》, 비룡소, 2011

권문희, 《줄줄이 꿴 호랑이》, 사계절, 2005

신세정, 《방귀쟁이 며느리》, 사계절, 2008

이영경, 《신기한 그림족자》, 비룡소, 2002

이상교, 《며느리 방귀》, 시공주니어, 2009

정하섭, 《오늘이》, 웅진주니어, 2010

홍영우, 《신기한 독》, 보리, 2010

우현옥, 《금을 버린 형제》, 봄볕, 2020

강무홍, 《호랑이 잡은 피리》, 보림, 1998

한해숙, 《콩 한 알과 송아지》, 애플트리태일즈, 2015

김중철, 《주먹이》, 웅진주니어, 1998

정하섭, 《쇠를 먹는 불가사리》, 길벗어린이, 1999

양재홍, 《재주 많은 다섯 친구》, 보림, 1996

박윤규, 《팥죽 할멈과 호랑이》, 시공주니어, 2006

이상교, 《빨간 부채 파란 부채》, 시공주니어, 2006

정해왕, 《도깨비감투》, 시공주니어, 2008

이미애, 《재주꾼 오 형제》, 시공주니어, 2006

김중철, 《개와 고양이》, 웅진주니어, 1999

5. May
추리, 탐정 이야기책

추리, 탐정 이야기를 읽으면 이야기에 재미를 느껴 다른 이야기로 확장될 수 있어요. 추리, 탐정 이야기는 주로 시리즈가 많습니다. 심심할 때마다 펼쳐 보기 좋아요.

《추리 천재 엉덩이 탐정 1~10》, 미래엔아이세움, 2016

박설연, 《비밀요원 레너드 1~16》, 아울북, 2019

PJ 라이언, 《아홉 살 탐정 레베카 1~5》, 제제의숲, 2020

이승민, 《천하무적 개냥이 수사대 1~5》, 위즈덤하우스, 2020

하라 유타카, 《쾌걸 조로리 1~50》 을파소, 2010

성완, 《다락방 명탐정 1~3》 비룡소, 2013

암모나이트, 《뼈뼈 사우루스 1-16》 미래엔아이세움, 2018

이나영, 《변비 탐정 실록 1》, 북스그라운드, 2023

이연지, 《밥스 패밀리 1~4》, 젬툰, 2021

장수민, 《헛다리 너 형사》, 창비, 2017

송재환, 《연필 도둑 한명필》, 천개의바람, 2021

차영아, 《까부는 수염과 나》, 마음이음, 2020

배지영, 《범인은 바로 책이야》, 주니어김영사, 2023

류미원, 《쌍둥이 탐정 똥똥구리 1~4》, 마술피리, 2022

기무라 유이치, 《고양이 탐정 다얀:바닐라 납치 사건》, 제제의숲, 2020

다영, 《달콤 짭짤 코파츄 1》, 창비, 2023

정인아, 《명탐정 닭다리 탐정 1~3》, 모든북스, 2021

전자윤, 《비밀은 아이스크림 맛이야》, 크레용하우스, 2021

선시야, 《스티커 탐정 컹크 1~3》, 별숲, 2020

도리 힐레스타드 버틀러, 《엉뚱소심 유령 탐정단 1~6》, 한빛에듀, 2022

안토니오 G. 이투르베, 《명탐정 시토 1~10》, 풀빛, 2013

클레르 그라시아스, 《추리탐정학교 1~4》, 좋은꿈, 2017

서지원, 《고구마 탐정:수학 1~2》《고구마 탐정:과학 1~3》
스푼북, 2021

선자은, 《마법 숲 탐정 1~6》, 슈크림북, 2021

서지원, 《출동 완료! 쌍둥이 탐정》, 좋은책아이, 2016

데이비드 A. 애들러, 《소녀 탐정 캠 1~5》, 논장, 2015

유타루, 《도토리 탐정》, 뜨인돌아이, 2017

김기정, 《탐정 두덕 씨와 보물 창고》, 미세기, 2022

이명희, 《출동! 쓰레기 탐정단》, 꼬마이실, 2023

서지원, 《호랑이 빵집 1:신단 쑥 위조 사건》, 아르볼, 2023

이향안, 《별난 반점 헬멧뚱과 X사건》, 웅진주니어, 2016

❊ ∼∼∼∼∼∼∼∼∼∼∼∼

6. June
판타지, 모험 이야기책

판타지, 모험 이야기를 읽고 이야기가 환상적이라는 느낌을 받으면, 이야기책을 꾸준히 읽는 독자가 될 수도 있어요. 글줄이 다소 많은 책도 있어서 이야기 호흡을 늘리기에도 좋아요.

니콜라우스 하이델바흐, 《브루노를 위한 책》, 풀빛, 2020

보린, 《컵 고양이 후루룩》, 낮은산, 2014

박주혜, 《변신돼지》 비룡소, 2017

최도영, 《레기, 내 동생》, 비룡소, 2019

이지음, 《고민을 들어줘 닥터 별냥 1》, 꿈터, 2023

권혁진, 《우다다 꽁냥파크 1~2》, 비룡소, 2023

이분희, 《한밤중 달빛 식당》, 비룡소, 2018

주봄,《버려 버려 스티커》, 북멘토, 2023

백혜영,《남몰래 거울》, 노란돼지, 2019

이미현,《속마음 마이크》, 잇츠북아이, 2023

박현경,《김마녀 가게》, 잇츠북아이, 2023

해리엇 먼캐스터,《마녀 요정 미라벨 1~5》, 을파소, 2021

이미현,《신기한 학교 매점》, 잇츠북아이, 2022

서석영,《고양이 카페》, 시공주니어, 2017

성현정,《두 배로 카메라》, 비룡소, 2017

이승민,《개마법사 쿠키와 월요일의 달리기》, 천개의바람, 2023

이승민,

《개마법사 쿠키와 일요일의 돈가스》, 천개의바람, 2022

김경미,《목소리 교환소》, 잇츠북아이, 2020

해리엇 먼캐스터,《이사도라 문 1~15》, 을파소, 2018

윤정,《복수 맛 마카롱》, 별숲, 2021

안비루 야스코,《마법의 정원 이야기 1~25》, 예림당, 2011

폴라 해리슨,《고양이 소녀 키티 1~6》, 미래앤아이세움, 2020

페드로 마냐스,《꼬마 마녀 안나 1~3》, 바나나북, 2021

안비루 야스코,《무엇이든 마녀상회 1~28》, 예림당, 2014

황선애,《신비한 퐁당퐁섬 대모험》, 고래책빵, 2022

황선애,《수상한 콩콩월드 대모험》, 고래책빵, 2020

구도 노리코,《우당탕탕 야옹이와 바다 끝 괴물》, 책읽는곰, 2021

구도 노리코,《우당탕탕 야옹이와 금빛 마법사》, 책읽는곰, 2022

랄프 라자르 · 리사 스월링,《대시의 요일 모험 1~5》, 을파소, 2022

백혜진,《똥손 금손 체인지》, 별숲, 2023

✤ ᷈᷈᷈᷈᷈᷈᷈᷈᷈᷈᷈

7. July
읽기 실력 점프를 위한 책

아이가 유창하게 소리 내어 읽고, 혼자 묵독할 수 있는 수준이라면 읽기 실력을 점프할 수 있는 책에 도전해 보세요. 아래 추천한 책들은 제법 글자가 많지만 따라가며 읽을 수 있을 거예요. 조금 어렵게 느껴진다면 2학년 때 권해주세요.

송승주, 《뭐든 금손반지》, 천개의 바람, 2023

송승주, 《똑 부러지게 결정반지》, 천개의 바람, 2022

김애란, 《멧돼지가 쿵쿵, 호박이 둥둥》, 창비, 2015

김원아, 《나는 3학년 2반 7번 애벌레》, 창비, 2016

미하엘 엔데, 《마법의 설탕 두 조각》, 한길사, 2001

고정욱, 《책이 사라진 날》, 한솔수북, 2015 (시리즈)

김리리, 《만복이네 떡집》, 비룡소, 2010 (시리즈)

신주선, 《으랏차차 도깨비죽》, 창비, 2010

이금이, 《땅은 엄마야》, 푸른책들, 2006

김화요, 《거짓말의 색깔》, 오늘책, 2022

최형미, 《우리 학교 걱정왕》, 킨더랜드, 2022

임지형, 《저 책은 절대 읽으면 안 돼》, 미래엔아이세움, 2021

천효정, 《삼백이의 칠일장 1~2》, 문학동네, 2014

황선미, 《들키고 싶은 비밀》, 창비, 2001

윤숙희, 《옆집 아이가 수상하다》, 아이앤북, 2022

로알드 달, 《멋진 여우씨》, 논장, 2017

홍민정, 《걱정 세탁소》, 좋은책아이, 2022

홍민정, 《딴생각 세탁소》, 좋은책아이, 2023

지혜진, 《무적 딱지》, 산하, 2022

황선미, 《나쁜 아이표》, 이마주, 2017

권영품, 《꼬리 잘린 생쥐》, 창비, 2010

고정욱, 《가방 들어주는 아이》, 사계절, 2014

류미정, 《마음을 쓰는 몽당연필》, 주니어단디, 2021

김경옥, 《복뚱냥이 무인 아이스크림 가게》, 이오앤북스, 2023

소연, 《사이 떡볶이》, 잇츠북아이, 2021

이승민, 《숭민이의 일기 1~9》, 풀빛, 2017

에일린 오헬리, 《요술 연필 페니 1~6》, 기린미디어, 2006

트레이시 웨스트, 《드래곤 마스터 1~5》, 다산아이, 2023

이서영, 《귀신도 반한 숲속 라면 가게》, 크래용하우스, 2022

조 프리드먼, 《거인 부벨라와 지렁이 친구》, 주니어RHK, 2016

이은재, 《잘못 뽑은 반장》, 주니어김영사, 2009 (시리즈)

✸ ～～～～～～～～～～

8. August
사회 그림책

사회 그림책은 나, 이웃, 친구, 가족 등 아이와 그 주변 사람들, 주변 모습들을 담고 있어요. 이런 사회 그림책을 읽는다면 아이들이 세상을 더 넓은 시각으로 보며 살아갈 수 있습니다.

나, 가족, 이웃, 친구

요시모토 유키오, 《나 좋은 점 가득》, 꿈터, 2016

유다정, 《이웃에는 어떤 가족이 살까》, 위즈덤하우스, 2012

이욱재, 《901호 땡동 아저씨》, 노란돼지, 2014

이작은, 《오늘도 마트에 갑니다》, 리틀씨앤톡, 2012

서보현, 《끼리 기자의 가족의 발견》, 개암나무, 2020

박윤경, 《가족은 꼬옥 안아주는거야》, 웅진주니어, 2011

르웬 팜,《밖에서 안에서》, 보물창고, 2022

이혜란,《뒷집 준범이》, 보림, 2011

진수경,《뭔가 특별한 아저씨》, 천개의바람, 2018)

박현주,《안녕하세요? 우리 동네 사장님들》, 논장, 2023

직업

미케 샤이어,《나는 커서 어떤 일을 할까》, 주니어RHK, 2022

한진수,《엄마 아빠 왜 일을 해요?》, 웅진주니어, 2011

허은실,《우리 동네 슈퍼맨》, 창비, 2014

한지음,《엄마 소방관, 아빠는 간호사》, 씨드북, 2021

우리나라, 문화예술

이형진,《태극기는 참 쉽다》, 풀빛, 2023

상효미,《이렇게 고운 댕기를 보았소?》, 미래엔아이세움, 2018

김용안,《우리 밥상 맛 대장 삼총사》, 미래엔아이세움, 2022

김경화,《햇빛과 바람이 정겨운 집, 우리 한옥》, 문학동네, 2011-18권

인권

하세가와 요시후미,《내가 라면을 먹을 때》, 고래이야기, 2023

채인선,《우리는 아이 시민》, 주니어김영사, 2020

국제사면위원회,《세상 모든 아이들을 위한 인권 사전》, 별글, 2018

정진호,《위를 봐요!》, 현암주니어, 2014

이브티하즈 무하마드, S. K. 알리,《히잡을 처음 쓰는 날》, 보물창고, 2020

다이애나 콘,《우리 엄마는 청소 노동자예요!》, 고래이야기, 2014

정치, 경제, 법

안드레아 비티, 《정치가 소피아의 놀라운 도전》, 천개의바람, 2020

안드레 로드리게스, 라리사 히베이루, 파울라 제즈구알도, 페드로 마르쿤, 《동물들의 우당탕탕첫 선거》, 길벗아이, 2020

알리스 메리쿠르, 《생쥐나라 고양이 국회》, 책읽는곰, 2020

이향숙, 《내가 처음 만난 대한민국 헌법》, 을파소, 2004

강민경, 《100원이 작다고?》, 창비, 2010

박영석, 《딱 하나만 골라 봐!》, 웅진주니어, 2011

임경섭, 《미어캣의 스카프》, 고래이야기, 2013

✻ 〜〜〜〜〜〜〜〜〜〜〜

9. September
과학 그림책

과학 그림책은 우리 몸부터 시작해 동물, 식물, 지구, 물리 등 매우 다양한 주제를 다룹니다. 과학이라 해서 딱딱하게 느낄 필요는 없어요. 읽다 보면 신기하고 재밌을 테니까요.

인체

조은수, 《재주 많은 손》, 미래엔아이세움, 2009

문종훈, 《사람이 뭐예요?》, 한림출판사, 2016

클레어 스몰맨, 《보인다! 우리 몸》, 밝은미래, 2012

서천석, 《일하는 몸》, 웅진주니어, 2007

백명식, 《눈은 보기만 할까?》, 내인생의책, 2013

신순재, 《치과에 갔어요》, 한솔수북, 2009

동물, 식물

제이슨 친, 《세상에서 가장 큰 나무》, 봄의정원, 2016

다섯수레 편집부, 《잎에는 왜 단풍이 들까요?》, 다섯수레, 2014

레오노라 라이틀, 《곰팡이 수지》, 위즈덤하우스, 2018

기욤 뒤프라, 《동물은 어떻게 세상을 볼까요?》, 길벗아이, 2014

하이디 트르팍, 《모기가 할말이 있대》, 길벗아이, 2016

김황, 《토마토 채소일까? 과일일까?》, 웅진주니어, 2017

권혁도, 《배추흰나비 알 100개는 어디로 갔을까?》, 길벗아이, 2015

이성실, 《참나무는 참 좋다!》, 비룡소, 2012

하이디 트르팍, 《바이러스 빌리》, 위즈덤하우스, 2016

제니 데스몬드, 《북극곰》, 고래뱃속, 2018

다이애나 허츠 애스턴, 《둥지는 소란스러워》, 현암사, 2015

한영식, 《신기한 곤충 이야기》, 진선아이, 2022

이상권, 《통통이는 똥도 예뻐》, 샘터사, 2008

지구, 우주

마쓰오카 도오루, 《달에 가고 싶어요》, 한림출판사, 2015

빅스 사우스게이트, 《우주로 간 멍멍이》, 그레이트BOOKS, 2019

신동경, 《나의 집은 우주시 태양계구 지구로》, 풀빛, 2019

임태훈, 《지구는 커다란 돌덩이》, 웅진주니어, 2014

정창훈, 《지구가 뜨거워져요》, 웅진주니어, 2007

아고스티노 트라이니, 《화산은 너무 급해》, 예림당, 2016

물리, 운동

정연경, 《쿵! 중력은 즐거워!》, 길벗아이, 2015

스테판 프라티니, 《물건은 어떻게 작동할까?》, 그린북, 2018

곽영직, 《왜 땅으로 떨어질까?》, 웅진주니어, 2006

에스더 포터, 《도시 땅속이 궁금해》, 와이즈만BOOKs, 2017

이케우치 사토루, 《나를 끌어당기는 힘, 중력!》, 한림출판사, 2015

❄ ∼∼∼∼∼∼∼∼∼∼

10. October
인물 그림책

이 세상을 만들어온 사람들에 대한 이야기가 인물 그림책이에요. 얼마나 다양한 사람들이 꿈과 열정을 가지고 살아왔는지 읽다 보면 아이들도 자신의 꿈을 발견하고 힘차게 나아갈 수 있을 거예요.

브래드 멜처, 《나는 제인 구달이야!》, 보물창고, 2018

강무홍, 《까만 나라 노란 추장》, 웅진주니어, 2001

이은정, 《주시경》, 비룡소, 2021

전자윤, 《읽는 사람 김득신》, 우주나무, 2022

정하섭, 《겁쟁이 이산》, 우주나무, 2018

브래드 멜처, 《나는 아인슈타인이야!》, 보물창고, 2018

정하섭, 《손 큰 통 큰 김만덕》, 우주나무, 2017

박은정, 《니 꿈은 뭐이가?》, 웅진주니어, 2010

커스틴 W. 라슨, 《내 머릿속 번개가 번쩍!》, 씨드북, 2023

크리스토프 코니에치니, 《안녕, 모차르트!》, 문학동네, 2006

사라 애런슨, 《루브 골드버그처럼》, 함께자람(교학사), 2020

마술연필, 《세종 대왕, 한글로 겨레의 눈을 밝히다》, 보물창고, 2013

조나 윈터, 《프리다》, 문학동네, 2002

데이비드 애들러, 《루이 브라이, 점자로 세상을 열다》, 보물창고, 2007

캐슬린 크럴,폴 브루어, 《별을 보는 아이》, 함께자람(교학사), 2019

최영희, 《초희가 썼어》, 머스트비, 2013

이지현, 《참 이상한 사장님》, 웅진주니어, 2012

캐런 월리스, 《토머스 에디슨》, 비룡소, 2021

이상희, 《선생님, 바보 의사 선생님》, 웅진주니어, 2006

데비 레비, 《나는 반대합니다》, 함께자람(교학사), 2017

장미라, 《조한알 할아버지》, 웅진주니어, 2011

앨리스 페이 던컨, 《오팔 리, 자유를 향해 걷다》, 템북, 2022

바브 로젠스톡, 《진실을 보는 눈》, 책속물고기, 2017

이현, 《신사임당》, 꿈터, 2017

정하섭, 《그림 그리는 아이 김홍도》, 보림, 1997

에밀리 아놀드 맥컬리, 《발명가 매티》, 비룡소, 2007

브래드 멜처, 《나는 로자 파크스야!》, 보물창고, 2018

수전 슬레이드, 《코로나바이러스를 처음 발견한 준 알메이다》, 두레아이들, 2022

린다 스키어스, 《이 뼈를 모두 누가 찾았게?》, 씨드북(주), 2020

퍼트리샤 밸디즈, 《놀라지 마세요, 도마뱀이에요》, 청어람아이, 2018

길상효, 《점동아, 어디 가니?》, 씨드북(주), 2018

❊ 〰〰〰〰〰〰〰〰〰〰〰

11. November
환경, 동물권 그림책

지구가 깨끗하지 못하면 우리 삶도 위협 받을 것입니다. 환경 책을 읽으면 새삼 내 주변을 돌아보게 되고, 우리와 함께 살아가는 동물들에 대한 애틋함도 커질 거예요. 환경, 동물권 그림책을 읽고 지구에 존재하는 모든 것들, 그리고 이 지구에 대한 감사함을 느껴보면 좋겠습니다.

환경

김민주,《오늘도 미세먼지》, 미세기, 2022

다비드 모리송,《숲을 그냥 내버려 둬!》, 크레용하우스, 2021

이명애,《플라스틱 섬》, 상출판사, 2020

고나영,《우주 쓰레기》, 와이즈만BOOKs, 2013

정연숙,《시끌시끌 소음공해 이제 그만!》, 와이즈만BOOKs, 2019

몰리 뱅,《우리가 함께 쓰는 물, 흙, 공기》, 도토리나무, 2019

박기영,《쓰레기가 쌓이고 쌓이면》, 웅진주니어, 2010

유다정,《고래를 삼킨 바다 쓰레기》, 와이즈만BOOKs, 2019

김수희,《죽음의 먼지가 내려와요》, 미래아이, 2015

강경아,《빛공해, 생태계 친구들이 위험해요!》, 와이즈만BOOKs, 2015

앨리슨 인치스,《플라스틱 병의 모험》, 보물창고, 2018

나오미 존스,《아주 이상한 물고기》, 을파소, 2022

모니카 바이세나비시엔,《강아, 너는 누구야?》, 그레이트BOOKS, 2019

모리 에토,《희망의 목장》, 해와나무, 2016

유다정,《투발루에게 수영을 가르칠 걸 그랬어!》, 미래아이, 2008

우현옥,《잃어버린 갯벌 새만금》, 미래아이, 2017

김수희,《방사능 마을의 외톨이 아저씨》, 미래아이, 2016

임선아,《누가 숲을 사라지게 했을까?》, 와이즈만BOOKs, 2013

이욱재,《맑은 하늘, 이제 그만》, 노란돼지, 2012

이욱재,《어디 갔을까, 쓰레기》, 노란돼지, 2017

이욱재,《탁한 공기, 이제 그만》, 노란돼지, 2012

임덕연,《우리 집 전기 도둑》, 미래엔아이세움, 2011

동물권

유리,《돼지 이야기》, 이야기꽃, 2013

허정윤,《63일》, 반달(킨더랜드), 2020

허정윤,《우리 여기 있어요, 동물원》, 반달(킨더랜드), 2019

김고은,《옥상을 지키는 개, 푸코》, 수피아이, 2021

하이진,《4번 달걀의 비밀》, 북극곰, 2023

강경아,《이끼야 도시도 구해 줘!》, 와이즈만BOOKs, 2019

김황,《생태 통로》, 논장, 2015

백유연,《오리털 홀씨》, 길벗아이, 2023

✽ ∼∼∼∼∼∼∼∼∼∼∼∼

12. December
역사 그림책

인류가 살아온 발자취를 기록한 역사 그림책은 역사를 에둘러 표현해 주기 때문에 머리가 아닌 마음으로 느낄 수 있는 책입니다. 한 권씩 읽어가며 우리 역사를 마음으로 느껴보세요.

강미희,《반구대 암각화 바위에 새긴 고래 이야기》, 마루벌, 2016

나은희,《신석기 마을의 봄 여름 가을 겨울》, 천개의바람, 2022

이미애,《고인돌 – 아버지가 남긴 돌》, 웅진주니어, 2009

이형구,《단군신화》, 보림, 1995

김용만,《내가 만약 고구려 장군이었다면》, 청솔, 2005

이현,《아름다운 나라 백제》, 휴먼아이, 2017

정재윤,《백제역사유적지구》, 열린아이, 2019

한미경,《천 년의 도시 경주》, 웅진주니어, 2010

김미혜,《돌로 지은 절 석굴암》, 웅진주니어, 2009

조시온,《달려라, 발해야!》, 천개의바람, 2022

최옥임,《슬기롭게 고려를 세우다》, 천개의바람, 2022

조남호, 《훈민정음 – 빛나는 한글을 품은 책》, 열린아이, 2015

김향금, 《여기는 한양도성이야》, 사계절, 2016

김선아, 《전기수 아저씨》, 장영, 2014

류은, 《전봉준이 바라던 나라》, 천개의바람, 2022

김한나, 《척화비 아저씨, 안녕!》, 천개의바람, 2022

문영미, 《고만네》, 보림, 2012

권오준, 《개똥이의 1945》, 국민서관, 2020

김미희, 《동백꽃이 툭,》, 토끼섬, 2022

정란희, 《무명천 할머니》, 위즈덤하우스, 2018

김정선, 《숨바꼭질》, 사계절, 2018

이규희, 《큰 기와집의 오래된 소원》, 키위북스, 2011

허은실, 《김구의 소원, 하나 된 조국》, 천개의바람, 2022

이억배, 《비무장지대에 봄이 오면》, 사계절, 2010

신현수, 《전화 왔시유, 전화!》, 밝은미래, 2017

양영지, 《불이 번쩍! 전깃불 들어오던 날》, 밝은미래, 2016

전현정, 《이혜리와 리혜리》, 주니어김영사, 2020

김명희, 《우리들의 광장》, 길벗아이, 2020

하종오, 《풍선고래》, 현북스, 2017

정연숙, 《여기는 서울역입니다》, 키다리, 2023

강응천, 《역사가 흐르는 강 한강》, 웅진주니어, 2006

1월	일	월	화
아이가 글자를 안다고 혼자 읽으라고 하지 마세요. 읽어주시면 더 잘 이해할 수 있어요. 더 많은 상상을 할 수 있어요. 읽어주시는 것을 들으며 아이는 혼자 읽는 법도 배울 수 있어요.	☆ ☆ ☆	☆ ☆ ☆	☆ ☆ ☆
	☆ ☆ ☆	☆ ☆ ☆	☆ ☆ ☆
	☆ ☆ ☆	☆ ☆ ☆	☆ ☆ ☆
	☆ ☆ ☆	☆ ☆ ☆	☆ ☆ ☆
	☆ ☆ ☆	☆ ☆ ☆	☆ ☆ ☆
	☆ ☆ ☆	☆ ☆ ☆	☆ ☆ ☆

*읽은 책의 흥미도 별점을 체크하고 인생 책을 찾아보세요.

수	목	금	토
☆ ☆ ☆	☆ ☆ ☆	☆ ☆ ☆	☆ ☆ ☆
☆ ☆ ☆	☆ ☆ ☆	☆ ☆ ☆	☆ ☆ ☆
☆ ☆ ☆	☆ ☆ ☆	☆ ☆ ☆	☆ ☆ ☆
☆ ☆ ☆	☆ ☆ ☆	☆ ☆ ☆	☆ ☆ ☆
☆ ☆ ☆	☆ ☆ ☆	☆ ☆ ☆	☆ ☆ ☆
☆ ☆ ☆	☆ ☆ ☆	☆ ☆ ☆	☆ ☆ ☆

부록

2월	일	월	화
고학년이라고 혼자 잘 읽을 거라고 생각하면 곤란합니다. 독서의 세계에서 열두 살도 아직 걸음마 단계예요. 함께 읽는 기쁨을 알아야 계속 읽을 수 있대요. 혼자만 읽으라고 하면 아이는 손에서 책을 놓게 될 거예요.	☆ ☆ ☆	☆ ☆ ☆	☆ ☆ ☆
	☆ ☆ ☆	☆ ☆ ☆	☆ ☆ ☆
	☆ ☆ ☆	☆ ☆ ☆	☆ ☆ ☆
	☆ ☆ ☆	☆ ☆ ☆	☆ ☆ ☆
	☆ ☆ ☆	☆ ☆ ☆	☆ ☆ ☆
	☆ ☆ ☆	☆ ☆ ☆	☆ ☆ ☆

*읽은 책의 흥미도 별점을 체크하고 인생 책을 찾아보세요.

수	목	금	토
☆ ☆ ☆	☆ ☆ ☆	☆ ☆ ☆	☆ ☆ ☆
☆ ☆ ☆	☆ ☆ ☆	☆ ☆ ☆	☆ ☆ ☆
☆ ☆ ☆	☆ ☆ ☆	☆ ☆ ☆	☆ ☆ ☆
☆ ☆ ☆	☆ ☆ ☆	☆ ☆ ☆	☆ ☆ ☆
☆ ☆ ☆	☆ ☆ ☆	☆ ☆ ☆	☆ ☆ ☆
☆ ☆ ☆	☆ ☆ ☆	☆ ☆ ☆	☆ ☆ ☆

3월	일	월	화
어느 날 갑자기 전집을 들이면 아이는 부담스러울 거예요. 관심도 없고 읽기도 싫은 책이 오래 집에 있으면 책을 더 싫어하게 된대요. 아이가 읽고 싶은 책을 한 권씩 사서 책장 꾸미는 기쁨을 누리게 해주세요.	☆ ☆ ☆	☆ ☆ ☆	☆ ☆ ☆
	☆ ☆ ☆	☆ ☆ ☆	☆ ☆ ☆
	☆ ☆ ☆	☆ ☆ ☆	☆ ☆ ☆
	☆ ☆ ☆	☆ ☆ ☆	☆ ☆ ☆
	☆ ☆ ☆	☆ ☆ ☆	☆ ☆ ☆
	☆ ☆ ☆	☆ ☆ ☆	☆ ☆ ☆

*읽은 책의 흥미도 별점을 체크하고 인생 책을 찾아보세요.

수	목	금	토
☆ ☆ ☆	☆ ☆ ☆	☆ ☆ ☆	☆ ☆ ☆
☆ ☆ ☆	☆ ☆ ☆	☆ ☆ ☆	☆ ☆ ☆
☆ ☆ ☆	☆ ☆ ☆	☆ ☆ ☆	☆ ☆ ☆
☆ ☆ ☆	☆ ☆ ☆	☆ ☆ ☆	☆ ☆ ☆
☆ ☆ ☆	☆ ☆ ☆	☆ ☆ ☆	☆ ☆ ☆
☆ ☆ ☆	☆ ☆ ☆	☆ ☆ ☆	☆ ☆ ☆

부록

4월	일	월	화
추천 책은 말 그대로 추천하는 것일 뿐이니 꼭 읽지 않아도 됩니다. 아이를 관찰하고 아이가 좋아하는 책을 읽을 수 있도록 이끌어 주세요. 아이가 무슨 책을 읽어야 하는지 남에게서 찾지 말아주세요.	☆ ☆ ☆	☆ ☆ ☆	☆ ☆ ☆
	☆ ☆ ☆	☆ ☆ ☆	☆ ☆ ☆
	☆ ☆ ☆	☆ ☆ ☆	☆ ☆ ☆
	☆ ☆ ☆	☆ ☆ ☆	☆ ☆ ☆
	☆ ☆ ☆	☆ ☆ ☆	☆ ☆ ☆
	☆ ☆ ☆	☆ ☆ ☆	☆ ☆ ☆

*읽은 책의 흥미도 별점을 체크하고 인생 책을 찾아보세요.

수	목	금	토
☆ ☆ ☆	☆ ☆ ☆	☆ ☆ ☆	☆ ☆ ☆
☆ ☆ ☆	☆ ☆ ☆	☆ ☆ ☆	☆ ☆ ☆
☆ ☆ ☆	☆ ☆ ☆	☆ ☆ ☆	☆ ☆ ☆
☆ ☆ ☆	☆ ☆ ☆	☆ ☆ ☆	☆ ☆ ☆
☆ ☆ ☆	☆ ☆ ☆	☆ ☆ ☆	☆ ☆ ☆
☆ ☆ ☆	☆ ☆ ☆	☆ ☆ ☆	☆ ☆ ☆

5월	일	월	화
책을 읽은 보상으로 장난감을 사주신다면, 아이는 쉬운 책만 읽다가, 읽는 척만 하다가, 점점 가짜로 읽게 될 거예요. 책을 읽는 것만으로도 아이가 충분히 행복해야 합니다. 귀한 행복을 쉽게 물건으로 바꾸지 마세요.	☆ ☆ ☆	☆ ☆ ☆	☆ ☆ ☆
	☆ ☆ ☆	☆ ☆ ☆	☆ ☆ ☆
	☆ ☆ ☆	☆ ☆ ☆	☆ ☆ ☆
	☆ ☆ ☆	☆ ☆ ☆	☆ ☆ ☆
	☆ ☆ ☆	☆ ☆ ☆	☆ ☆ ☆
	☆ ☆ ☆	☆ ☆ ☆	☆ ☆ ☆

*읽은 책의 흥미도 별점을 체크하고 인생 책을 찾아보세요.

수	목	금	토
☆ ☆ ☆	☆ ☆ ☆	☆ ☆ ☆	☆ ☆ ☆
☆ ☆ ☆	☆ ☆ ☆	☆ ☆ ☆	☆ ☆ ☆
☆ ☆ ☆	☆ ☆ ☆	☆ ☆ ☆	☆ ☆ ☆
☆ ☆ ☆	☆ ☆ ☆	☆ ☆ ☆	☆ ☆ ☆
☆ ☆ ☆	☆ ☆ ☆	☆ ☆ ☆	☆ ☆ ☆
☆ ☆ ☆	☆ ☆ ☆	☆ ☆ ☆	☆ ☆ ☆

6월	일	월	화
공부를 목적으로 책을 읽히면 아이는 점점 책과 멀어집니다. 재밌는 책을 날마다 읽다 보면 아이 스스로 다른 책을 찾아 읽게 돼요. 읽기 어려워하는 책을 억지로 읽히지 마세요.	☆ ☆ ☆	☆ ☆ ☆	☆ ☆ ☆
	☆ ☆ ☆	☆ ☆ ☆	☆ ☆ ☆
	☆ ☆ ☆	☆ ☆ ☆	☆ ☆ ☆
	☆ ☆ ☆	☆ ☆ ☆	☆ ☆ ☆
	☆ ☆ ☆	☆ ☆ ☆	☆ ☆ ☆
	☆ ☆ ☆	☆ ☆ ☆	☆ ☆ ☆

＊읽은 책의 흥미도 별점을 체크하고 인생 책을 찾아보세요.

수	목	금	토
☆ ☆ ☆	☆ ☆ ☆	☆ ☆ ☆	☆ ☆ ☆
☆ ☆ ☆	☆ ☆ ☆	☆ ☆ ☆	☆ ☆ ☆
☆ ☆ ☆	☆ ☆ ☆	☆ ☆ ☆	☆ ☆ ☆
☆ ☆ ☆	☆ ☆ ☆	☆ ☆ ☆	☆ ☆ ☆
☆ ☆ ☆	☆ ☆ ☆	☆ ☆ ☆	☆ ☆ ☆
☆ ☆ ☆	☆ ☆ ☆	☆ ☆ ☆	☆ ☆ ☆

부록

7월	일	월	화
진정한 독자가 되려면 스스로 책 고르는 즐거움을 느껴야 합니다. 아이를 자주 도서관에 데려가 주세요. 서점에도 종종 데려가 주세요. 책이 있는 공간을 경험해야 오래오래 책을 읽고 평생 읽는 독자가 될 수 있대요.	☆ ☆ ☆	☆ ☆ ☆	☆ ☆ ☆
	☆ ☆ ☆	☆ ☆ ☆	☆ ☆ ☆
	☆ ☆ ☆	☆ ☆ ☆	☆ ☆ ☆
	☆ ☆ ☆	☆ ☆ ☆	☆ ☆ ☆
	☆ ☆ ☆	☆ ☆ ☆	☆ ☆ ☆
	☆ ☆ ☆	☆ ☆ ☆	☆ ☆ ☆

*읽은 책의 흥미도 별점을 체크하고 인생 책을 찾아보세요.

수	목	금	토
☆ ☆ ☆	☆ ☆ ☆	☆ ☆ ☆	☆ ☆ ☆
☆ ☆ ☆	☆ ☆ ☆	☆ ☆ ☆	☆ ☆ ☆
☆ ☆ ☆	☆ ☆ ☆	☆ ☆ ☆	☆ ☆ ☆
☆ ☆ ☆	☆ ☆ ☆	☆ ☆ ☆	☆ ☆ ☆
☆ ☆ ☆	☆ ☆ ☆	☆ ☆ ☆	☆ ☆ ☆
☆ ☆ ☆	☆ ☆ ☆	☆ ☆ ☆	☆ ☆ ☆

부록

8월	일	월	화
아이에게 책을 고르게 하면 처음에는 아마 만족스럽지 못할 수도 있습니다. 이상한 만화책, 도움이 안 될 것 같은 책만 고를지도 몰라요. 하지만 이상한 책도 읽어봐야 좋은 책을 고를 수도 있대요.	☆ ☆ ☆	☆ ☆ ☆	☆ ☆ ☆
	☆ ☆ ☆	☆ ☆ ☆	☆ ☆ ☆
	☆ ☆ ☆	☆ ☆ ☆	☆ ☆ ☆
	☆ ☆ ☆	☆ ☆ ☆	☆ ☆ ☆
	☆ ☆ ☆	☆ ☆ ☆	☆ ☆ ☆
	☆ ☆ ☆	☆ ☆ ☆	☆ ☆ ☆

＊읽은 책의 흥미도 별점을 체크하고 인생 책을 찾아보세요.

수	목	금	토
☆ ☆ ☆	☆ ☆ ☆	☆ ☆ ☆	☆ ☆ ☆
☆ ☆ ☆	☆ ☆ ☆	☆ ☆ ☆	☆ ☆ ☆
☆ ☆ ☆	☆ ☆ ☆	☆ ☆ ☆	☆ ☆ ☆
☆ ☆ ☆	☆ ☆ ☆	☆ ☆ ☆	☆ ☆ ☆
☆ ☆ ☆	☆ ☆ ☆	☆ ☆ ☆	☆ ☆ ☆
☆ ☆ ☆	☆ ☆ ☆	☆ ☆ ☆	☆ ☆ ☆

부록

9월	일	월	화
아이는 자기가 원하는 시간, 장소에서 원하는 자세로 읽고 싶어요. 피곤하면 읽을 수 없어요. 숙제가 많으면 불안해서 책에 집중할 수도 없어요. 그러니 밤에 읽으라고 하지 마세요.	☆ ☆ ☆	☆ ☆ ☆	☆ ☆ ☆
	☆ ☆ ☆	☆ ☆ ☆	☆ ☆ ☆
	☆ ☆ ☆	☆ ☆ ☆	☆ ☆ ☆
	☆ ☆ ☆	☆ ☆ ☆	☆ ☆ ☆
	☆ ☆ ☆	☆ ☆ ☆	☆ ☆ ☆
	☆ ☆ ☆	☆ ☆ ☆	☆ ☆ ☆

*읽은 책의 흥미도 별점을 체크하고 인생 책을 찾아보세요.

수	목	금	토
☆ ☆ ☆	☆ ☆ ☆	☆ ☆ ☆	☆ ☆ ☆
☆ ☆ ☆	☆ ☆ ☆	☆ ☆ ☆	☆ ☆ ☆
☆ ☆ ☆	☆ ☆ ☆	☆ ☆ ☆	☆ ☆ ☆
☆ ☆ ☆	☆ ☆ ☆	☆ ☆ ☆	☆ ☆ ☆
☆ ☆ ☆	☆ ☆ ☆	☆ ☆ ☆	☆ ☆ ☆
☆ ☆ ☆	☆ ☆ ☆	☆ ☆ ☆	☆ ☆ ☆

부록

10월	일	월	화
책 그만 읽고 공부하라고 하지 마세요. 정말 해야 할 일은 독서입니다. 읽고 이해하는 능력이 뛰어난 아이는 굳이 학습을 안 해도 공부머리도 좋습니다. 부모부터 독서를 중요하게 생각해야 아이도 중요하게 생각해요.	☆ ☆ ☆	☆ ☆ ☆	☆ ☆ ☆
	☆ ☆ ☆	☆ ☆ ☆	☆ ☆ ☆
	☆ ☆ ☆	☆ ☆ ☆	☆ ☆ ☆
	☆ ☆ ☆	☆ ☆ ☆	☆ ☆ ☆
	☆ ☆ ☆	☆ ☆ ☆	☆ ☆ ☆
	☆ ☆ ☆	☆ ☆ ☆	☆ ☆ ☆

＊읽은 책의 흥미도 별점을 체크하고 인생 책을 찾아보세요.

수	목	금	토
☆ ☆ ☆	☆ ☆ ☆	☆ ☆ ☆	☆ ☆ ☆
☆ ☆ ☆	☆ ☆ ☆	☆ ☆ ☆	☆ ☆ ☆
☆ ☆ ☆	☆ ☆ ☆	☆ ☆ ☆	☆ ☆ ☆
☆ ☆ ☆	☆ ☆ ☆	☆ ☆ ☆	☆ ☆ ☆
☆ ☆ ☆	☆ ☆ ☆	☆ ☆ ☆	☆ ☆ ☆
☆ ☆ ☆	☆ ☆ ☆	☆ ☆ ☆	☆ ☆ ☆

11월	일	월	화
부모가 먼저 책 읽는 모습을 보여줘야 합니다. 거실에서 텔레비전 소리가 들리면 독서에 방해돼요. 스마트폰 보는 모습을 보면 아이도 같이 하고 싶어요. 아이만 독자인 집은 없대요. 날마다 20분만 같이 읽어요.	☆ ☆ ☆	☆ ☆ ☆	☆ ☆ ☆
	☆ ☆ ☆	☆ ☆ ☆	☆ ☆ ☆
	☆ ☆ ☆	☆ ☆ ☆	☆ ☆ ☆
	☆ ☆ ☆	☆ ☆ ☆	☆ ☆ ☆
	☆ ☆ ☆	☆ ☆ ☆	☆ ☆ ☆
	☆ ☆ ☆	☆ ☆ ☆	☆ ☆ ☆

＊읽은 책의 흥미도 별점을 체크하고 인생 책을 찾아보세요.

수	목	금	토
☆ ☆ ☆	☆ ☆ ☆	☆ ☆ ☆	☆ ☆ ☆
☆ ☆ ☆	☆ ☆ ☆	☆ ☆ ☆	☆ ☆ ☆
☆ ☆ ☆	☆ ☆ ☆	☆ ☆ ☆	☆ ☆ ☆
☆ ☆ ☆	☆ ☆ ☆	☆ ☆ ☆	☆ ☆ ☆
☆ ☆ ☆	☆ ☆ ☆	☆ ☆ ☆	☆ ☆ ☆
☆ ☆ ☆	☆ ☆ ☆	☆ ☆ ☆	☆ ☆ ☆

부록

12월	일	월	화
1년 동안 아이와 함께 책 읽기라는 힘든 여정을 해내셨네요. 대단합니다. 책을 함께 읽고 책 이야기를 같이 나눈 그 시간은 아이를 더 행복한 사람으로 만들었을 거예요. 아이와 오래오래 책을 함께 읽어보세요.	☆ ☆ ☆	☆ ☆ ☆	☆ ☆ ☆
	☆ ☆ ☆	☆ ☆ ☆	☆ ☆ ☆
	☆ ☆ ☆	☆ ☆ ☆	☆ ☆ ☆
	☆ ☆ ☆	☆ ☆ ☆	☆ ☆ ☆
	☆ ☆ ☆	☆ ☆ ☆	☆ ☆ ☆
	☆ ☆ ☆	☆ ☆ ☆	☆ ☆ ☆

＊읽은 책의 흥미도 별점을 체크하고 인생 책을 찾아보세요.

수	목	금	토
☆ ☆ ☆	☆ ☆ ☆	☆ ☆ ☆	☆ ☆ ☆
☆ ☆ ☆	☆ ☆ ☆	☆ ☆ ☆	☆ ☆ ☆
☆ ☆ ☆	☆ ☆ ☆	☆ ☆ ☆	☆ ☆ ☆
☆ ☆ ☆	☆ ☆ ☆	☆ ☆ ☆	☆ ☆ ☆
☆ ☆ ☆	☆ ☆ ☆	☆ ☆ ☆	☆ ☆ ☆
☆ ☆ ☆	☆ ☆ ☆	☆ ☆ ☆	☆ ☆ ☆

부록

나만의 인생 책 리스트

No.	도서명	나의 감상

참고 도서

- 폴라 J. 슈와넨플루겔, 낸시 플래너건 넵,《독서심리학》, 사회평론아카데미
- 엄훈, 염은열, 김미혜, 박지희, 진영준,《초기 문해력 교육》, 사회평론아카데미
- 나오미 배런,《다시, 어떻게 읽을 것인가》, 어크로스
- 이차숙, 〈초기 문식성 평가 방법 탐색. 한국교육학연구〉, 2007, 13(1), 169-195
- 엄훈, 〈초기 문해력 교육의 현황과 과제〉, 2017, 한국초등국어교육, 63, 83-109
- 심영택, 〈초등학교 저학년 기초 문식성 교수 학습 방법 - '개미[ㅐ]와 베짱이[ㅔ]' 가르치기〉, 한국초등국어교육, 2010, 42, 129-161
- 이성영, 〈읽기 발달 단계에 대한 연구 - 몇 가지 논점을 중심으로〉, 국어교육, 2008, 0.127 51-80
- 이경화, 〈기초 문해력과 읽기 부진 지도〉, 청람어문교육, 2019, 71, 223-245

초등 1학년
기적의
첫 독서법

1판 1쇄 발행 2024년 1월 2일
1판 2쇄 발행 2024년 2월 1일

지은이 오현선
발행인 김형준

책임편집 박시현
마케팅 전수연

발행처 체인지업북스
출판등록 2021년 1월 5일 제2021-000003호
주소 경기도 고양시 덕양구 삼송로 12, 805호
전화 02-6956-8977
팩스 02-6499-8977
이메일 change-up20@naver.com
홈페이지 www.changeuplibro.com

© 오현선, 2024

ISBN 979-11-91378-45-0 (13590)

체인지업북스는 내 삶을 변화시키는 책을 펴냅니다.